谨以此书献给——

光荣的地质队员和
牺牲在山野的无名队友！

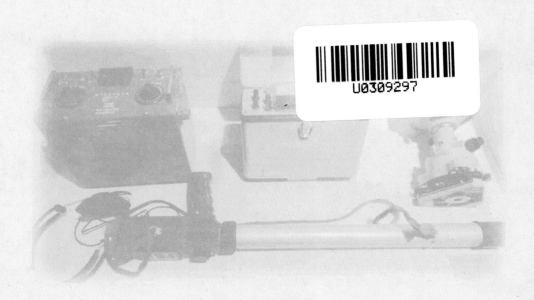

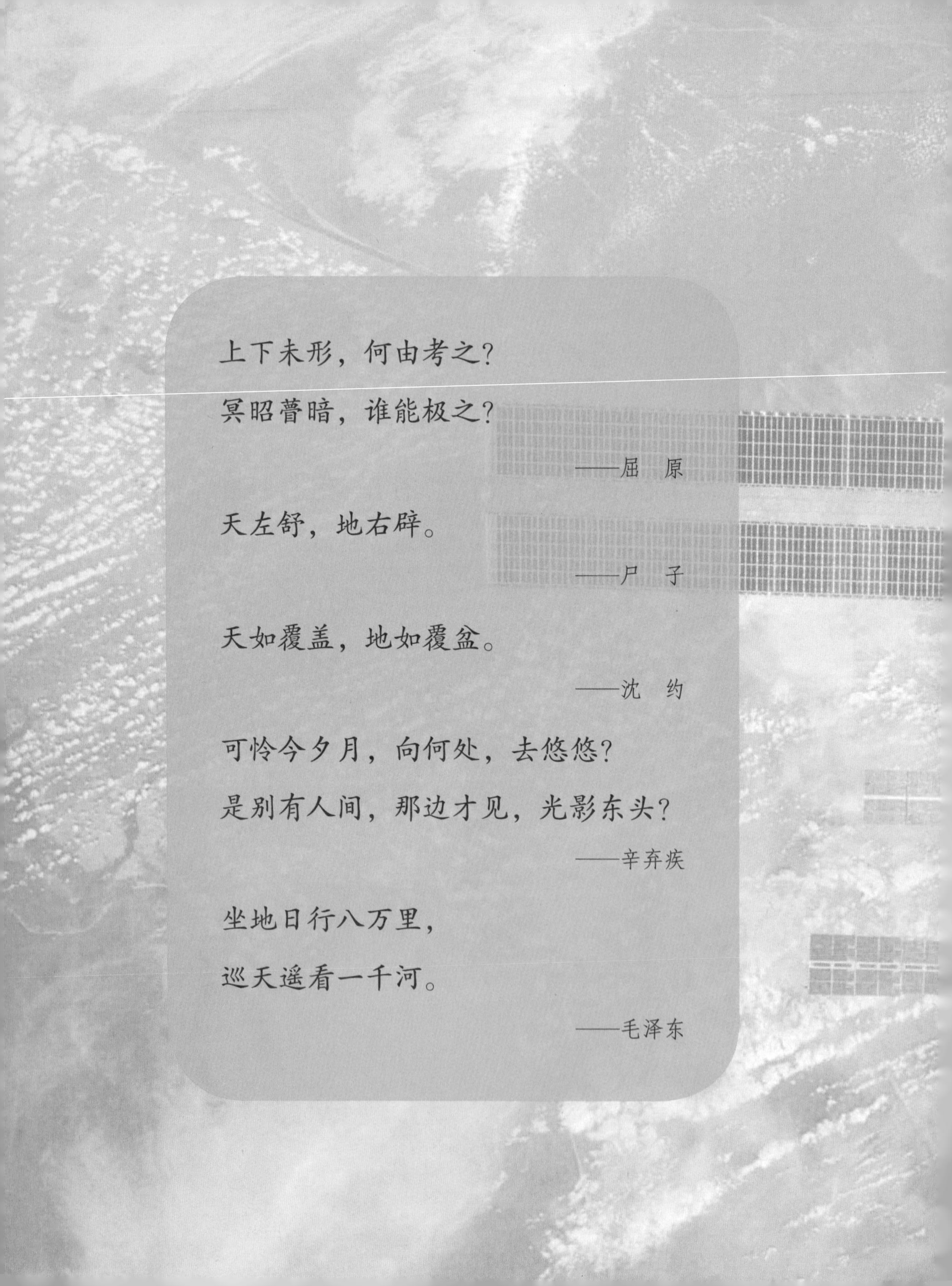

上下未形，何由考之？

冥昭瞢暗，谁能极之？

——屈　原

天左舒，地右辟。

——尸　子

天如覆盖，地如覆盆。

——沈　约

可怜今夕月，向何处，去悠悠？

是别有人间，那边才见，光影东头？

——辛弃疾

坐地日行八万里，

巡天遥看一千河。

——毛泽东

刘兴诗爷爷讲地球

地球的故事

刘兴诗 著

中原出版传媒集团
中原传媒股份公司
海燕出版社

图书在版编目（CIP）数据

地球的故事／刘兴诗著．—郑州：海燕出版社，
2017.7（2018.9重印）
（刘兴诗爷爷讲地球）
ISBN 978-7-5350-7228-3

Ⅰ.①地… Ⅱ.①刘… Ⅲ.①地球－儿童读物
Ⅳ.①P183-49

中国版本图书馆CIP数据核字（2017）第129386号

选题策划	**胡宜峰**
责任编辑	**王纪东**
责任校对	**刘学武**
责任发行	**贾伍民**
	曹咏梅
责任印制	**邢宏洲**
整体设计	**刘　瑾**

出版发行　海燕出版社
　　　　　（郑州市北林路16号　邮政编码：450008）
发行热线　0371-65734522　　65727231
经　　销　全国新华书店
印　　刷　河南瑞之光印刷股份有限公司
开　　本　16开(889毫米×1194毫米)
印　　张　13印张
字　　数　260千字
版　　次　2017年7月第1版
印　　次　2018年9月第2次印刷
定　　价　39.50元

本书如有印装质量问题，由承印厂负责调换。

目　录

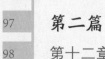

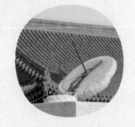

第一篇

地球这个球儿

从太空看地球(NASA/FOTOE)

　　地球，这个圆溜溜的大球，在宇宙中不停地转动。你知道它的多少秘密？它是谁的孩子？它的肚子里有什么东西？它有一件空气外套，为什么特别重要？为什么指南针总是指着南方？怎么确定一个地方的位置？翻开这本书吧，你就会知道答案了。

第一章

大地和地球

大地，我们的家园。

地球，我们的老家。

瞧，这儿有一个"大地"的名词，还有一个"地球"的名词。

请问，大地和地球，到底有什么差别？

请问，先有大地，还是先有地球？

呵呵，这好像是问，先有鸡蛋，还是先有鸡？

鸡蛋和鸡的先后，一下子说不清。可是大地和地球的先后关系却清清楚楚的，一点也不含糊。

不管是大地还是地球，都属于同一个"地"。

古时候，地和天是相对的。《三字经》上说，"三才者，天地人"。人生存在天地之间，上有天，下有地，人就在中间。

"地"是什么样子？

古人说："天圆如张盖，地方如棋局。"意思就是"天"在上面圆圆的，"地"在下面像棋盘一样四四方方、平平坦坦。

人们通常都把"地"叫作大地，意思就是人们所生活其间的"地"很大很大，大得几乎没有边。

你不信吗？就请你试着走到天边，你会发现前面有走不尽的天边，简直没有一个完。请多少个马拉松选手来接力跑，也永远没有一个完。朝着前面跑呀跑，前面一望无际，依旧是跑不完的天边。

就像是一只小蚂蚁在足球场上慢慢爬，也会产生同样的感觉。

"地"是什么模样？

老子说："人法地，地法天。"

这里的"法"是效法、取法。

人法地，不好说。地法天，可有一些道理。

南宋词人辛弃疾望着中秋月，冒出一个奇想："可怜今夕月，向何处，去悠悠？是别有人间，那边才见，光影东头？"

月落下去了，那边另有人间，大地自然是一个圆球。只不过这位800多年前的词人没有学过天文学和地质学，说不出地球这个词儿而已。

地这样，天什么样呢？

中国有一句古话叫"天圆地方"，代表古人的天地观念。

内蒙古呼伦贝尔草原月色（刘朔／FOTOE）

人们抬头看天上的太阳、月亮，从一边的地平线升起，又从另一边的地平线落下去。天空好像是一个倒扣的大碗盖在大地上，日月星辰就在其中东升西落。人们看呀看，当然就会觉得天是圆的，地是方的。圆圆的天空，盖住平坦的大地，产生"天圆地方"的观念了。天地的关系，就是这么一回事。

这就是古老的"盖天说"，据说是西周初期周公提出来的。是不是他的理论咱们不管，反正老祖宗很早很早就有了这个看法。汉代的班固就在《白虎通》里说："天圆地方，不相类也。"

孔子的学生曾参说："上首谓之圆，下首谓之方。"接着又引用孔子的话说："参尝闻之夫子曰，天道曰圆，地道曰方。"

这一来，似乎孔子也是"天圆地方"学说的支持者了。

现在说起来，似乎有些好笑，幼儿园里的小孩子也不会这样想。

笑什么笑？如果把你放在那个时候，没有机会接受现代科学教育，也是一样的。

北京天坛，体现中国古人"天圆地方"的观念（钱梅／FOTOE）

原谅他们吧，毕竟那时候人们的活动范围不大，眼界不够开阔，不能和今天相比。孔子也没有见过地球仪，没有环球旅行过，怎么能用今天的认识水平来要求古人呢？用一万年后的水平来要求你，你不觉得太委屈吗？

俗话说，人上一百，形形色色。我们生活的大地到底是什么样子，不同地区、不同民族，有不同的说法。

著名的古希腊诗人荷马认为，世界是几条大河围绕着的一个大圆圈。

请别笑话他，因为那时候人们活动的范围不大。东边到幼发拉底河、底格里斯河浇灌的"肥沃月弯"，也就是今天伊拉克的心脏地带，南边到埃及尼罗河三角洲平原，在这些孕育了灿烂古文明的大河外面，统统是茫茫大沙漠。再往外面，就什么也不知道了，所以他才认为世界就在这几条大河之间。想一想，咱们的老祖宗也说过"四海之内"为世界嘛，古希腊人说"大河之内"，有什么不可以？知识来源于实践。古希腊当时活动的圈子就是这样的，从来也没有

古巴比伦人的宇宙观（文化传播／FOTOE）

走出这个圆圈。产生这样的看法一点也不奇怪，这还算是当时最先进的水平呢。只有少数如荷马这样的大学者，才能总结出这样的结论。

古巴比伦人说，大地像是一个微微拱起的大乌龟壳，上面罩着半球形的透明天空。

这是"天圆地方"的另一个版本。天依旧是圆的，像一个透明的大碗，覆盖在大地上。地却不是平得像一个棋盘，而是有一些弯曲，像乌龟壳一样微微拱起来。

古巴比伦人真了不起，眼界更加开阔，观察更加深入了。他们发现大地不是平坦的，已经看出了地平线实际上是一个弧面。难怪古巴比伦被认为是当时的世界中心。

真理不来自于某一个地方、某一个人。越来越多的认真观察、爱动脑筋的人，得出同样的结论。公元前4世纪的古希腊学者亚里士多德，就通过自己的观察，也得出了这样的结论。他在海边看远方来的船，总是先看见高高的船桅，后来才瞧见逐渐出现的船身。他想，海面肯定是拱起来的圆弧形。要不，怎么会是这个样子？

他接着想下去，如果海面真的是一道圆弧，整个世界的样子，岂不就是一个个弧形连接成的大圆球吗？

其实，有这种地球观念的人，还有另一个古希腊学者毕达哥拉斯和战国时期的中国学者惠施，他们也认为大地是一个圆球。可惜人们没有注意他们的观点，走了一段很长的弯路。

《宋书》中写道："天如覆盖，地如覆盆。地中高而四隤，日月随天转运。"这是中国"盖天说"的老祖宗。认为天空像是斗笠，大地像是一个倒扣的大盘子，地面是微微拱起的。这种说法很先进，和古巴比伦的观点差不多。

关于大地的形状，还有许多稀奇古怪的说法。有人说，大地是一个立方体。有人说是圆柱体。还有人认为大地像是一座高山，有人说像一艘漂在海上的大船，等等，形形色色的说法。

嘿嘿，大地怎么会是这些样子呢？是不是开玩笑的话？

不，这都是一本正经的"学说"。

请你想一想，如果一个部落，或者一个民族，生活在波涛汹涌的大海围绕的小岛上，或是高高的山上，从来也没有机会走出这个小圈圈，他们认为世界像一艘船、一座山，有什么不可能呢？

再说了，如果谁生活在一个盆地里，脚下的地面平平的，周围都是山，好像是突出的"棱角"。翻过这些"棱角"一样的边缘，那边又是同样的平地和"棱角"。为什么不可以把世界想象成立方体？这可是一种特别的想象力，比今天许多科幻小说靠谱得多。

如果有人发觉大地是一个个弧形相互连接，朝两边走，永远也没有尽头。为什么不可以进一步想象，整个世界就是一个巨大的圆柱？

哎呀呀！这都是写科幻小说的好料呀！如果这些古人能够活到现在，准是一代科幻大师。

在所有这些古老的看法中，古巴比伦的"乌龟壳论"最接近事实、最先进。

认识在发展，时代在进步，更先进的理论总会产生出来。

到了东汉时期，张衡提出了一个新的"浑天说"，认为天地的形状像是一

天球仪，紫金山天文台（张庆民/FOTOE）

个鸡蛋，外面是蛋壳，里面是蛋黄。蛋壳是天，蛋黄是地，包裹在一起。这就比"盖天说""乌龟壳论"进步得多。

呵呵，说什么蛋壳包着蛋黄，这不就是宇宙和地球的原始观念吗？

这些古代的说法，其中有的已经接近真实的答案了。如果接着研究下去，很快就会弄清楚。奇怪的是一个世纪又一个世纪过去了，中世纪的西方还认为上帝高高在上，大地和世间万物，统统是上帝创造的。在政教合一的中世纪黑暗时期，教会粗暴干涉一切。谁敢说地球是圆的，就是反对上帝，不被吊死才奇怪了。

大地到底是什么样子？如果不拿出更加确切的证据，这些顽固的家伙是不会服输的。

不，这不是科学辩论会，不是谁认输不认输的问题。在那个政权就是宗教，宗教就是政权的黑暗时代，宗教权力和国家权力紧密联结在一起。高高在上的

地球与月亮运转模型，中国科学技术馆（杜雪琼/FOTOE）

教会有那么多的利益，总会千方百计维护这样的邪说，才不会给你来什么科学辩论呢。

白以为了不起的欧洲人，就这样落后了一大截。中世纪专制的教会禁锢了自由的学术思想，始终把"天圆地方"奉为颠扑不破的"真理"，大大影响了科学的进展。不管你信不信，直到现在，英国还有一个拥有许多信徒的"天圆地方"协会呢！

俗话说，百闻不如一见。有什么好办法，让大家能看见大地的真容呢？

地球上空的国际空间站（NASA/FOTOE）

当局者迷，旁观者清。干脆飞到地球外面去，看一看它的外貌吧！

这是一个好主意，可惜古时候没有宇宙飞船，想飞出去也不成。

咔嚓，给它拍一张照片吧。

那时候也没有相机呀！难道能请外星人帮助拍照片吗？

这也不能，那也不能，总难不了聪明人。

来一个影子游戏吧！

我们都有这样的经验，当光线从背后射来，就能清清楚楚瞧见自己的影子了。

聪明人想，人有影子，"地"也有影子；看清楚它的影子，就知道它到底是什么样子了。

最早看见"地"的影子的，还是那个古希腊的亚里士多德。他瞧见月食是地球投在月亮上的影子，结合海边看船的经验，提出来我们生活的大地，肯定

1519年9月，麦哲伦船队开始进行环球航行（文化传播／FOTOE）

是一个巨大的圆球。

我国东汉时期的天文学家张衡，也从月食的黑影，断定大地是球形。

16世纪20年代，麦哲伦船队环绕地球航行成功，终于证明了大地是圆的。亚里士多德、毕达哥拉斯、惠施、张衡都是正确的。从此可以理直气壮地把大地叫"地球"了。

事情到这里就完了吗？

不，关于地球形状的讨论，还远远没有画上一个圆满的句号。

说起"球"，在人们的印象中就是圆溜溜的。

清代康熙年间的地球仪（聂鸣／FOTOE）

请问，地球真是一个圆溜溜的大皮球，和足球、篮球、乒乓球一模一样吗？

没准儿大多数人都会点头说："没有错，地球就是这个样子。你看，地球仪就是圆溜溜的嘛。"

科学家却摇头说："不对！地球不是这个样子。"

在科学家的眼睛里，地球越来越不像一个真正的球了。如果把这样形状的球放在绿茵场上，球王贝利也不知道该怎么下脚。

这不是因为它很大很大，大得踢不动，而是因为它根本就不是一个真正的"球"，形状很不规则。

说地球不是圆溜溜的球形，有证据吗？

有呀！最新大地测量和航天技术的材料，就充分证明了它根本就不是一个规则的"球"。

真正的"球"应该有什么特点？

第一条，所有通过圆心两端在球面上的线段必定都一样长。可是咱们这个地球的赤道半径和两极半径却长短不齐。赤道半径大约 6378 千米，两极半径却只有约 6357 千米，二者相差约 21 千米。猛一看，似乎还看不出来。仔细一瞧，却好像鼓着"将军肚"，是一个不规则的扁球体。

第二条，所有方向都是对称的。可是地球的北半球陆地多、海洋少，南半球陆地少、海洋多。北半球地面的平均海拔，大约比南半球的高 1500 米。还可以划分为陆半球和水半球，一点也不对称。

第三条，球面应该非常光滑。可是地球上的地形崎岖不平，一点也不光滑。从世界最高峰珠穆朗玛峰到最深的马里亚纳海沟，相差约 19878 米，怎么能算是平整呢？

这样的"球"在专门制造皮球的工厂里，只能算是废品"球"。送给人也没有人要，干脆丢进垃圾桶里拉倒。

有人把它比喻成一个大橘子。北极是橘子带柄的地方，因为这儿比较高，高出了大地水平面的平均高度。南极是凹进去的橘子底部，比大地水平面的平均高度低 30 米之多。

还有人把地球比作甘薯、梨等。

有人惊奇地发现，圆圆的地球居然还有一些棱角，似乎是一个带圆形的五角十面体。

噢，原来地球远看像是球，走到跟前一看，根本就不是正儿八经的"球"，挖空心思把它比喻成什么东西都不太像。加上它的表面起伏不平，就更加不圆了。

得啦，干脆把这个周身带棱带角，有高地、有凹坑的大扁圆球儿，叫作"地球"吧！

地球只有一个。它就是它，是一个球，却不是足球、篮球一样的球。别把什么东西都想得太完美，咱们栖身的这个老地球，就不是圆溜溜的大皮球。

是啊！人人都有自己的面孔，谁也不能代替。你就是你，不是他，也不是我。丑陋就丑陋，那是妈妈给予的。人若无独自面貌，不称其为一个独立人；地球没有独自面貌，也不称其为一个独立的星球。

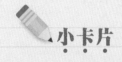

小卡片

有关地球和大地的问题

大地真是平的吗？
地球到底是什么样子？
大地和地球这两个概念，用在什么不同的地方？

你知道吗

世界上第一个地球仪

世界上最早的地球仪是谁制造的？

不是西方的高鼻子洋人制造的"洋货"。世界上第一个地球仪，是不折不扣的"中国造"。

欧洲在教会黑暗统治的时代，中国却在不停进步。

公元1267年，元朝有一个名叫札马鲁丁的天文学家，用木头做了世界上第一个地球仪。有趣的是，他用颜色在这个木球上表示海陆分布。三分陆地，七分海洋，和真实情况几乎完全一样。为了表示远近，他还画了许多小方格，岂不就是经、纬度的网格吗？

第二章

地球的出生证明

每个人都有一张出生证明，地球也有自己的出生证明。

出生证明上清清楚楚记录着两个最最重要的事情。

孩子的妈妈是谁。

什么时候出生的。

地球的出生证明上，也应该有这些内容呀！

咱们就来看看地球的出生证明吧。

很早很早以前的古人，压根儿就没有地球的概念。在他们的脑瓜里，只有大地这个说法。

嗨，大地，就大地吧。要想和古人对话，不顺着他们可不成。好比你穿过时间隧道和古人打交道，要留下手机和 QQ 的联系方式。别说古代的普通人，就是换了孔子、诸葛亮，也会瞪眼睛，不知道你在玩弄什么玄虚。

得了，咱们顺着古人吧。

请注意，我们现在就尊重老祖宗的习惯，先用大地这个词儿。慢慢说到科学时代，再换过来说地球也不迟呀！千万别把老祖宗弄迷糊了。

开场白说完了，现在就言归正传，说一说大地的出生证明吧。

第一个问题，大地的妈妈是谁？

有人说，它是上帝创造的。

这是从前的大主教和神父们说的，他们相信万能的上帝。

他们愿意怎么想就怎么想，反正你不信就得了。

有人说，它是从海里冒出来的。

这是太平洋上一些小岛的居民说的。他们的眼睛里只有茫茫无边的大海，他们看见大海龟从海水里冒出来，大鲸鱼也从海水里冒出来，就设想整个世界，也就是自己生活的小岛，也是从海水里冒出来的。这也没有什么不可以呀！

有人说，它是盘古一斧头劈开的。

这是咱们中国人自己的老祖先的想法。因为和咱们有关系，就让我细细说一下这个"盘古开天地"的故事吧。

传说在非常非常遥远的远古时期，没有天，也没有地，上下一片混混沌沌的，好像是一个大鸡蛋，里面躺着一个人，呼噜呼噜睡大觉。

他是谁？就是我们的老祖宗盘古呀！

盘古稀里糊涂整整睡了一万八千年。有一天他揉一揉眼睛醒了，觉得心里闷得发慌，瞧着周围的情景很不顺眼。他顺手一摸，摸着一把大斧头，抡起来使劲一砍，只听见哗啦一声，周围发生了翻天覆地的变化。一些很轻很亮的东西，轻飘飘升上去，一天长一丈，越长越高，变成了高高的天空。另一些又重又浑浊的东西沉下去，越沉越深，变成了脚下的大地。

他舒展一下筋骨站了起来，十分满意自己创造的天地，比从前那个稀里糊

陕西秦岭大型花岗岩雕塑群（局部）《华夏龙脉·盘古开天》（罗红/FOTOE）

涂的大鸡蛋壳好得多，天地就这样开辟了。

听了这个故事，人们不禁会问："这是真的吗，难道在盘古以前，就没有天地吗？"

当然有啊。地球早就诞生了，人类出现比地球出现晚得多。天地怎么可能是在人类出现以后才开辟的，岂不是本末倒置了吗？

这个神话要从另外一个角度来理解，实际上反映了人类对身边的世界的认识过程。

原始时期的人们还是懵懵懂懂的，对周围的自然界不了解，当然就会觉得天地"一团混沌"，好像闷在一个大鸡蛋里似的。后来随着人们的认识水平不断提高，慢慢认识了周围的世界，天地也就自然"开辟"了。

写这本书的老头儿想，如果用古人类发展过程来说，这个盘古开天辟地的创世神话出现不可能太早。混混沌沌的元谋猿人、北京猿人绝对想不出来。很可能发生在旧石器时代晚期，最早不过一万八千年前的山顶洞人时代。那时候的人们在祖先尸骨周围撒了许多象征生命和鲜血的赤铁矿粉，已经有了埋葬的观念。他们还能制作钻孔骨针、石器和兽牙项链等物品，有了原始的爱美习惯，证明当时人们对环境认识水平有了很大的进步。从稀里糊涂的猿人时代，发展到了这个时候，人们慢慢开了窍，就会重新认识周围的世界。"天地开辟"的观念，可能就是在这个时候产生了。

呵呵，原来"盘古开天地"是这么一回事，表示我们的老祖宗的认识水平已经一步步提高了，和猴子不一样，也和懵懂的猿人不一样。从猿到人除了生理变化，更加重要的是智力的进步。"盘古开天地"的神话故事，就清清楚楚表现了这一点，真了不起！

话虽然这么说，却还没有回答清楚我们的问题。咱们古老的地球，也就是古人嘴里的大地，到底是怎么诞生的？

这个问题看来得要请教科学家才成。咱们也从先到后，按着顺序问一问古今不同的科学家吧。

18世纪后期，著名的德国哲学家康德和法国科学家拉普拉斯首先说话。

他们说，太空中原本有许多尘埃，由于引力作用，它们渐渐凝聚成一些大大小小的尘埃团，围绕着同一个中心旋转，后来就变成太阳、地球和它的行星兄弟们了。

和他们同时的法国博物学家布丰也来凑热闹，认为地球是太阳和一颗彗星碰撞后，飞溅到天空中的物质。好像是一块石头落进熊熊燃烧的火炉，溅出的许许多多火花。

接着又冒出许多异想天开的说法，简直像是天马行空的科幻小说。越说越离奇，越来越热闹，信不信就由你了。

1900年，一个美国天文学家说，从前有一个巨大的星球，在太阳正反两面吸起两股气流，后来慢慢凝聚生成了一连串的行星。

1916年，一个英国物理学家说，不是这样的，20亿年前，

德国哲学家康德（J.I.拉布/FOTOE）

是那个星球的引力把太阳拉成梨形，后来又变成一个"大雪茄"，最后裂成一段段的，变成了地球和各大行星。

还有人摇头说，你们都说错了，是一个星球飞过来，打了一个擦边球，把太阳碰得团团转，拉出许多物质，生成了地球和许多其他行星。

也有人说，地球和它的行星兄弟们统统是太阳爆炸抛射出来的碎块。甚至有人认为，太阳本来是一颗双星。它的伴星被别的星球的引力撕碎了，变成了许多行星。

这样的灾变学说还有很多，一下子说也说不完。

这些说法都认为，地球和它的行星兄弟统统是从太阳妈妈身上分出来的，好像每个小宝宝都是妈妈生下来的一样。

有人反对说，根本就不是这回事。地球和太阳系里其他所有的行星都是太

阳从外面抓来的俘虏。当太阳穿过一团浓密的星云，把这个星云里的尘埃俘虏过来，围着自己团团转，就形成了这些行星。

还有一种说法，认为太阳本身就是在一个星云里生成的。它的周围弥漫着一团团尘埃云，跟着太阳旋转的时候，渐渐聚集起来，就成为地球和一个个行星了。

哎呀，这么一说，地球难道就不是太阳妈妈的亲生孩子，而是从外面抱回家的吗？

苏联地球物理学家施密特，就是这个学说的一个代表。

20世纪50年代初，我在北京大学学习天文学的时候，有幸跟随著名天文学家戴文赛老师学习。戴老师的看法和施密特有些相似，又有些不一样。他认为太阳系原本是一团星云，在自身引力下慢慢收缩，变成一个星云盘，在它的中心形成了原始太阳。周围的尘埃逐渐凝聚成为许多星子，变成了地球和行星。戴文赛老师和施密特的学说比较合理，得到大多数人的支持。

话说到这里，回过头来看。在两千多年前的春秋时期，老子写的《道德经》里有一段话很值得注意。

他说："有物混成，先天地生。寂兮寥兮，独立而不改，周行而不殆，可以为天下母。吾不知其名，字之曰道，强为之名曰大。"

请注意，在这段话里提到了有一个东西，在天地还没有生成以前就存在了。在那混混沌沌的宇宙间，它不声不响不停运转。

这就是天地之母。

这到底是什么东西？

老子自己也说不清，就给它取了一个名字叫作"道"。

到底什么是"道"？

我想，就应该是科学规律和科学精神吧！

《道德经》实在太玄妙了，是了不起的哲学著作，也包含了科学的精神。哲学必须体现科学，科学也必须含有正确的哲学观念。我觉得《道德经》就是这样的，你们怎么看待这本书呢？

地球出生证明的第一个问题说完了，现在要说的是第二个问题。

咱们这个老地球，到底是什么时候出生的？

哈勃太空望远镜拍摄到距地270万光年的星云——NGC604 （NASA/FOTOE）

喂，地球，请问你高寿多少？

这事凡人不知道，得要请教古圣先贤。

中世纪欧洲的一个大主教从经书里"考证"，世界是在公元前4004年10月26日上午9时，由上帝亲手创造出来的。

瞧他板着神圣的面孔，脸一点也不红。听他说得那样斩钉截铁，如此精确到小时，简直就是"科学"的化身。可惜还没有精确到分秒，看来上帝的科学还是不太先进。

中国古代也有传说，从孔夫子身上就能算出天地的年龄。从开天辟地到孔夫子的时代，经历了三百二十六万七千年。

这是怎么算出来的？只有天知道，地知道，鬼知道。

我尊敬孔夫子，却不信这样荒谬的结论。

不管说得多么有鼻子有眼，反正我就不相信。

地球到底有多大的年龄？看来只有问科学家了。

唉，可是科学家也有科学家的麻烦。

他们的思维实在太"科学"了，一个钉子一个眼。还没有回答问题，就先讲几个前提。

听吧，他们会抢先反问你，到底地球的天文年龄，还是地质年龄？一下子就把提问者问得傻了眼。

什么是天文年龄？就是把地球当作一个普通的天文体，从开始形成一直到现在的实际年龄。

噢，要说地球的天文年龄实在太难了。各种各样的学说太多了，一个比一个玄妙。咱们干脆就说它的地质年龄吧。

什么是地球的地质年龄？就是从地球真正诞生到现在有多少岁。地质年龄比天文年龄小得多，也实际得多。

喔，明白了。这就是出生证明上的真实年龄呀！

这就是每个宝宝从妈妈的肚皮里呱呱坠地的那一刹那算起，写在户口本和身份证上的时间，一看就清清楚楚，一点也不含糊。

怎么计算地球的地质年龄？有许许多多方法。

有人想，地球刚形成的时候没有沉积岩。只要知道地球上的沉积层有多厚，每年沉积厚度有多少，做一道简单的数学题，用每年的沉积厚度去除地球沉积层的总厚度，岂不就能轻轻巧巧算出地球的年龄了。

这个办法太简单了，小学生也会计算。有人这么算了一下，算出来地球的地质年龄只有 2.5 亿年。

这太小了吧，小得简直使人没法相信。这个方法不可靠，再想别的办法吧。

有人想，用古生物化石做标准吧。只要弄清楚最古老的化石年龄，岂不就知道地球的年纪了吗？

可是这也不成啊。道理非常简单，有人说地球刚生成的时候是一个尘埃团、火炭团，或者是一个冰冷的石蛋蛋，压根儿就没有生物。不管多么古老的化石，也比不上地球本身的年龄。

人们想呀想，想出许多办法都不成。地球的出生证明上，还是不能填写真实的出生日期。

想呀想，随着科学技术一天天进步，人们终于找到了一个好办法。何不用放射性元素，来测定地球的年龄呢。

在古老的岩石里，含有许多放射性元素。它们的衰变速度非常稳定，是计算地球地质年龄最好的"计时器"。

许多岩浆岩里，常常含有铀和钍这两种放射性元素。它们从放射衰变到最后的稳定元素，都是铅的同位素。只需按照它们的衰变率，查明现在所含的铀和铅、钍和铅的比值，就可以测算出岩石的年龄了。这种放射性测年方法叫作铀铅法。

利用放射性元素的衰变来测年的办法很多，也更加精确。现在常用的是测定放射性钾的同位素衰变成氩的同位素的方法，叫作钾氩法。

用这种方法测定出地球上最古老的岩石，有45亿～46亿年，这就是现在我们知道的地球的地质年龄了。

这个办法好不好？这是不是最后的结论？还需要科学家们继续认真研究，做最后的结论。

你知道吗

地球的来历

盘古开天地到底是怎么一回事？
地球到底是怎么诞生的？你有什么看法？为什么？

第三章

谁绕着谁转

地球和太阳，谁围绕着谁转？谁是谁的孩子，谁是真正的老大？

哈哈！哈哈！哈哈哈！

三岁小孩子都知道，头顶上那个圆溜溜、红通通的太阳，本领好大好大。所有的孩子都恭恭敬敬地叫它"太阳公公"，可没有叫它"大哥""老弟"的。

世界上的人们，有谁不知道，万物生长靠太阳。

连原始人也明白，金灿灿的太阳是光明和热的来源、生命的哺育者。世界上几乎没有一个民族不信奉光明的太阳神，没有一个民族和部落没有太阳崇拜的习惯和信仰。

《三字经》上说，"三光者，日月星"。就是说照亮天地的，有太阳、月亮和星星，可是月光和星光怎么比得上最最灿烂的太阳光芒。看来《三字经》的这句话后面，还得加上一句"最亮的，是太阳"才对。

得啦，不用多说了。自古以来，太阳就是天字第一号的"红老大"。地球围着太阳转，哼也不敢哼一声。

真的是这样吗？

真是这样就好了。在那"地心说"流行的黑暗的中世纪欧洲，就可以减少许多不必要的折腾，少送几条无辜的性命了。

唉！唉！唉……

世界上的许多事情，往往就在唉的一声后面，一下子就变了样。

这是怎么一回事？难道还有人怀疑"太阳公公"的地位，真的叫它"老弟"，甚至胆敢贬低为"孙子"吗？

这是什么不讲理的家伙，竟敢在"太阳公公"头上动土？是傻瓜，还是喝醉了?

不,他们不是傻瓜,也没有喝醉。一个个人模狗样的,脑袋上套的不是王冠,就是比王冠更加神圣的光环。别瞧他们这副高高在上的模样,可真的不讲道理,比鲁智深三拳打死的那个卖肉的恶霸"镇关西"还蛮横。

啊,是谁呀?

这是中世纪的欧洲天主教会。

哦,教会。教会里的白胡子神父和穿黑袍的修女都是笑眯眯的,唱好听的圣歌,过好玩的圣诞节。他们宣讲的信不信由你,一点也不强迫谁,怎么能说他们不讲道理?

请注意,这儿说的是中世纪的欧洲天主教会,不是现在的教会。那时候的欧洲许多国家都是政教合一,宗教是老大,朝廷是老二,连国王都得乖乖听教皇的。教皇怎么说,就是绝对的"真理",国王、大臣和所有的老百姓,都得老老实实听着,不许有半点怀疑。

教会说,宇宙是上帝创造的。你就得老老实实相信,不许不信这个结论。

教会说,大地是宇宙的中心,太阳、月亮都围着大地转。你就得老老实实听着,不许不听,也不许不信。

这是什么奇怪的理论?

这就是古代流行的"地心说"。

说起来,这个"地心说"似乎也有一些道理。

你瞧,每天太阳不都是从东边升起来,西边落下去,好像真的围绕着大地转似的。

你不信,他们就指着天上说:"瞧呀!太阳就是东升西落的嘛。这是上帝早就安排好,眼睁睁的事实呀!"

大家一看,真的就是这么一回事呀,就不得不相信了。

咱们先别说这个道理了。这和地球自转有关系,留在后面再讲吧。

别瞧这个问题这样简单,由于当时的科学不发达,受了时代的限制,包括公元前 4 世纪的希腊哲学家亚里士多德、公元 2 世纪的希腊天文学家和地理学家托勒密在内也搞不清楚,枉自生了一个聪明的脑袋,在时代的局限下,也只能是白搭。

受了时代限制的古人，瞧见太阳东升西落，就这样错误地认为地球是宇宙中心了。

亚里士多德提出了"地球中心学说"，托勒密不仅这么想，还认为宇宙分为9层。在地球外面，依次排列着九重天，根据距离远近分别是：

月亮天

水星天

金星天

太阳天

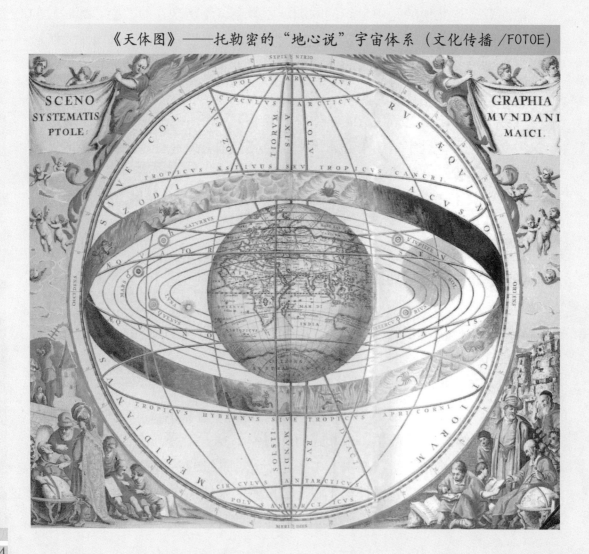

《天体图》——托勒密的"地心说"宇宙体系（文化传播／FOTOE）

火星天

木星天

土星天

恒星天

原动力天

　　请注意，当时的人们观察得非常仔细。根据和地球的远近关系，把太阳、月亮、太阳系五大行星，以及遥远的恒星排列得清清楚楚。太阳放在金星和火星之间，正确区分了内行星和外行星。在满天恒星的外面，还假想有一个原动力天，包含了宇宙无限的观念。说起来，还挺有道理呢。

　　太阳东升西落的现象没有错。问题出在教会身上，这种现象被他们狡猾利用了，说这就是"上帝创造世界"的根据。

　　顺便在这里说一下，古代西方除了这个包罗整个宇宙的"九重天"，还有撇开遥远得不可捉摸的恒星天和原动力天，仅仅局限在太阳系内的日月和五大行星的"七重天"的说法。

　　你敢不相信吗？

　　谁胆敢不信太阳围着地球转，就是怀疑上帝。怀疑上帝和他在人间的代理人，就犯了不能饶恕的罪过。自称"上帝的仆人"的教皇、大主教，加上跟在他们屁股后面转的各国国王，就会恶狠狠治你一下。

　　他们整人有一套办法。

　　现在要起诉一个犯罪嫌疑人，得要把他送上法庭。

　　为了对付不同的声音，他们也建立了一种特殊的宗教法庭，专门用来镇压敢于大胆怀疑教会的人，惩罚胆敢冒犯教会权威的"思想犯"。

　　什么叫作"思想犯"？

　　在他们的统治下，世界上只能有一个声音，只能无条件服从上帝和他的代理人，不许离开宗教的轨道随便乱想。谁的想法不一样，就是思想犯了罪，成为十恶不赦的罪人。

　　现在要审判谁，必须有充分的证据，允许犯罪嫌疑人申辩，依据公正的法律，做出最后的结论。

他们才不管这一套呢，认为你有罪就有罪，不许你说半个不字。

那时候的宗教法庭怎么处理他们所认为的"反动思想"，惩罚思想有问题的"罪人"？

许多"反动思想"是白纸黑字印在书上的。

怎么处理这些印出来的"反动思想"？

那就统统烧！烧！烧！

在他们看来，揭露自然界真相的科学就是反动。于是天主教会的宗教法庭就大烧科学著作，许多珍贵的科学文章就这样变成了一堆纸灰。有一天，竟烧了整整20大车的书。别以为这不多，不能和后来的希特勒烧书相比。要知道，当时出版的书本来就不多。这么多的书，几乎相当于一个很大的图书馆了，能说不多吗？

烧了书，还不能完全解决问题。归根结底，"反动思想"是装在脑袋里的。

那就杀！杀！杀！把所有装着"反动思想"的脑袋，统统砍掉、绞死，或者一把火烧死。

这些"上帝的仆人"，干起这种事一点也不仁慈。最厉害的一招，就是和烧书一样，把人绑起来带上刑场，当众施行火刑。用这种残酷的办法，烧死一个人，警告所有的人。

你不信吗？举一个例子吧。

1327年，有一个意大利天文学家采科·达斯科里，他认为大地是一个球，在另一个半球上，也有人类生活。宗教法庭认为这是胡言乱语，违背了《圣经》的教义，必须施行最严厉的火刑，就这样把他活活烧死了。

抓吧，烧吧，杀吧，有良知的科学家绝不低头。抓一帮人，烧一堆书，杀一帮人，但是坚持真理的科学家没有后退，一个接一个站了出来，继续宣讲真正的科学。你说我"反动"，我还说你反动呢！我是对黑暗愚昧、独裁霸道的"反动"，你们却是对科学、对真理的真正反动。历史必将证明你们的错误，证明科学的胜利。怀着这样的理念，一个个勇敢的科学家前仆后继，挺身而出，大声斥责教会的虚伪。

哥白尼、布鲁诺、伽利略，就是这样的勇敢的科学家。不消说，一个个都受到了残酷迫害。

波兰天文学家哥白尼说，不是太阳围着地球转，而是地球围着太阳转，提出了和"地心说"完全不同的"日心说"。

哼，这还得了！

当时罗马天主教廷认为他的说法违反《圣经》，就把他当作眼中钉。哥白尼却不理会这一套，继续进行自己的研究，完成了伟大的著作《天体运行论》，决定公开出版。1543 年 5 月 24 日，在哥白尼离开这个世界的那一天，他终于看见了印出来的《天体运行论》，安然闭上了眼睛。教会恨他恨得牙痒痒，却没有办法惩治他了。

几十年后接着站出来的意大利哲学家布鲁诺，可没有这样好的运气。他勇敢支持哥白尼的"日心说"，1592 年被抓进监狱，最后被活活烧死在罗马的鲜花广场。尽管烈火烧着了他的身体，但他依旧不肯认输，真是好样的！

布鲁诺倒下去了，另一个意大利物理学家、天文学家伽利略接过了他的枪，发表了有名的《关于两种世界体系的对话》，十分生动地宣传"日心说"，驳斥"地心说"。这篇文章科学性非常严密，是很好的学术性著作，也是最早的科普作品。他不仅继续宣扬哥白尼的学说，还有许多新发现，更加坚定

哥白尼《天体运行论》手稿（文化传播／FOTOE）

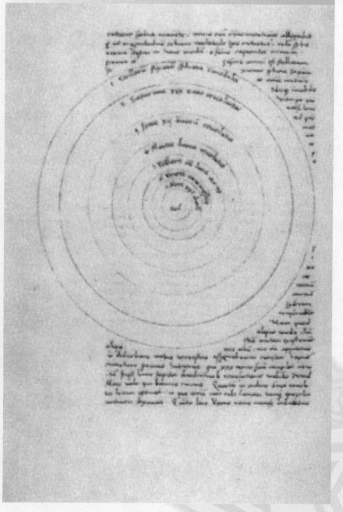

了信心，活动也更加频繁。

1633 年，罗马宗教法庭以"反对教皇，宣扬邪学"的罪名，判处他终身监禁。在黑暗的牢房里，他的双目慢慢失明了，日子非常凄凉。1642 年 1 月 8 日，伽利略离开了这个有罪的世界。

历史在发展，时代在进步，科学终于战胜了愚昧。到底是太阳围着地球转，还是地球围着太阳转，这个非常简单的问题，终于得出了正确的结论。教会也换了脑筋，伽利略逝世三百多年后，罗马教皇不得不正式宣布，当年对伽利略的宣判是不公正的。

是非黑白总有弄清楚的一天，真理终究是掩盖不了的。"日心说"最后战胜了"地心说"。哥白尼、布鲁诺、伽利略的勇气和科学精神永远值得人们尊敬。

让"地心说"见鬼去吧！"太阳公公"就是光辉灿烂的"太阳公公"，不是围着地球转的配角。地球才是绕着太阳转的孩子。

在太阳系这个大家庭里，太阳永远是一切行星和卫星围绕的中心。

意大利物理学家、天文学家伽利略（文化传播／FOTOE）

你知道吗

"日心说"和"地心说"

"日心说"和"地心说"到底是怎么一回事？
教会为什么要迫害哥白尼、布鲁诺、伽利略？

小卡片

"九天"和"九野"

外国有"九重天""七重天"的说法，中国古代也有类似的"九天""九霄"的观念，常常说"九天之上""九霄云外"。

李白的《望庐山瀑布》诗中，有"飞流直下三千尺，疑是银河落九天"的句子，就是这个意思。

需要说明的是，咱们的老祖宗还把"九天"当成是中央和四面八方，又叫作"九野"。

《淮南子》也说"天有九野。何谓九野？中央曰钧天，东方曰苍天，东北曰变天，北方曰玄天，西北曰幽天，西方曰颢天，西南曰朱天，南方曰炎天，东南曰阳天"，都表明了"九天"这个概念，还有天空中四面八方的含意。

第四章
地球在宇宙中的位置

　　"地心说"和"日心说"争论了许多年,搭上了许多正直科学家的无辜生命,一场谁绕着谁转的官司就这样结束了。可是仔细一想,还留了一条尾巴。

　　地球绕着太阳转,一点也不错。可是太阳只不过是太阳系的中心,带着一群行星、卫星跳自己的圆圈舞,也并不是宇宙的中心。

　　太阳系也算不了什么,只不过是银河系里的一个普通成员而已,围绕着整个银河系的中心旋转。

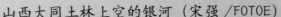

山西大同土林上空的银河（宋强/FOTOE）

银河系也不是宇宙中心。在它的外面，还有许多河外星系。因为实在太远了，在最大的天文望远镜里看，也是模模糊糊的光点，所以又叫作河外星云。

宇宙中的星星并不是均匀分布的，常常一群群挨靠在一起，取一个名字叫作星系群。

银河系所在的星系群，叫作本星系群，也围绕着自己的中心旋转。

这个星系群有多大？

天文学家报告说，它从一边到另一边，大约有 600 万光年。

这个范围到底有多大，让我们来做一道数学题吧。

光在真空中沿着直线传播的速度是每秒约 30 万千米。

一分钟 60 秒，一小时 60 分钟，一天 24 小时，一年 365 天。现在请你算一算，在一年里，光穿过的距离有多远？

有人算出来，大约有 94608 亿千米。

啊呀呀！这个半径约 300 万光年的本星系群真大呀！简直不敢想象，从它的一边到另一边有多远。要想弄清楚这个概念，就像向一只小蚂蚁打听，从亚洲东边的太平洋海岸，到欧洲西边的大西洋海岸，要过多少大河、小河，翻过多少座大山、小山一样。

在这个本星系群里，除了银河系，还有约 40 个"兄弟"。最重要的是大麦哲伦云和小麦哲伦云，是 1522 年麦哲伦船队在环球航行中发现的。

请注意，这不是普通的云朵，都和银河系一样，全都是拥有许多大大小小恒星的河外星系呀！

这个本星系群还不是最大的，也不是宇宙的中心，属于范围更加宽广的本超星系团，其中大约有 50 个和本星系群一样的成员。

本超星系团呢？

哇！那就更加大得不敢想象了。

呵呵，可要知道，这些本超星系团在宇宙中也不算一回事。在整个宇宙里，这样的玩意儿还多着呢！

好奇的孩子们会问，宇宙到底有多大呀？

科学家简简单单回答说：无穷大！

啊呀呀！无穷大，那就是大得没有一点儿边的意思。想当年，那些自称"上帝的仆人"的教皇、大主教们，板着面孔硬说地球是宇宙的中心，自己就是这个宇宙中心的代表。一副神气活现的样子，多么可笑呀！

现在让我们回过头来，再看看谁围绕着谁转的问题吧。

月球绕着地球转。

地球和它的行星兄弟们绕着太阳转。

太阳带着它的孩子们，绕着银河系的中心转。

银河系和它的兄弟们，绕着本星系群的中心转。

本星系群和它的兄弟们，绕着本超星系团的中心转。

大麦哲伦云中的恒星残骸 (NASA／JPL—Caltech／FOTOE)

这个本超星系团和许多同样的兄弟，又在茫茫宇宙中慢悠悠旋转。

喔，这么转来转去，把脑袋都转晕了。

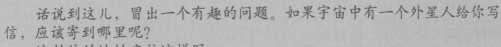

你知道吗

你的宇宙通信地址

话说到这儿，冒出一个有趣的问题。如果宇宙中有一个外星人给你写信，应该寄到哪里呢？

这封信的地址应该这样写：

宇宙，
本超星系团，
本星系群，
银河系，
太阳系，
地球，
亚洲，
中国，
××省，
××市，
××大街，××号，
××学校，××班，
××小朋友收。

位于贵州平塘的世界上口径最大的
天文射电望远镜（吴天俊/FOTOE）

瞧，你在宇宙中的位置多么复杂，把邮递员的脑袋都弄大了。

可是哪有这样的邮递员能够送这样的信？收到这封信，得要多少时间呢？真是无法想象啊。

第五章
地球肚皮里的秘密

小皮球，拍一拍，跳起来。

为什么一拍皮球就会跳？

哈哈！傻孩子，皮球的肚皮里都是空气，使劲拍一下装满空气的皮球，当然就会蹦蹦跳。

篮球、排球、足球、乒乓球的肚皮里都是空气，拍一拍，就会跳起来。

地球也是球，拍一拍，会不会跳？

哈哈！地球可不是皮球，怎么能够蹦蹦跳。

为什么地球不会跳？

因为地球肚皮可不是空的，它可跳不起来。

不信，请你拍一拍运动场上的铅球，看它会不会跳，拍一拍圆溜溜的西瓜和苹果，肯定也不会跳。

铅球是铅蛋蛋，地球是石蛋蛋，当然都不能跳。

地球和铅球真的一样吗？

说它们一样，也真的是一样。

一个全是铅，一个全是石头，统统是实在的，可以说是一个样。

说它们不一样，可也真不是一个样。

地质学家说，铅球里面灌的是铅，地球可不是从里到外都是石头，里里外外还有好几层呢。

地球和水果一样吗？

地球当然和水果不同。

哈哈！如果有地球肉、地球种子，那岂不就可以吃地球肉，种许许多多小地球了。除了科幻小说和动画片，想也别这么胡思乱想。

想不到地质学家仔细听了，却笑眯眯地说，地球当然和西瓜、苹果不同。可是抛开内里简单的西瓜不说，从肚皮里的复杂结构说，地球还真有些和苹果相像呢！

这越说越玄了。这位地质学家是不是开玩笑，小小地幽默了一下？

不，他说得挺认真的，绝对不是开玩笑。

他说，苹果有皮、有肉、有核，地球也是一样有皮、有肉、有核的。

啊，越说越有趣了。地球，到底是个什么球，怎么和苹果拉扯上了关系？

地质学家说，别急，咱们给它做一个外科手术，剖开看一看吧。

这么大一个地球，怎么剖开呀！

地质学家有办法，使用特殊的技术，就可以把这个大石头蛋蛋检查得清清楚楚。就像医生也不随便剖开病人的肚皮，用 X 光、CT、超声波等各种各样的方法，就能查清肚皮里面的情况，检查地球的内部构造也一样，完全不必开

地球剖面模型，内蒙古博物院（刘朔／FOTOE）

膛破肚。

地质学家说：地球并不是简简单单的石头蛋蛋，肚皮里面可复杂啦。从里到外有好几层，和许多水果的结构有些相像，可是却复杂得多。

西瓜有皮，苹果有皮，地球也有自己的"地球皮"。

"地球皮"是什么？

就是地壳呀！

西瓜皮厚，得要用刀切开。苹果皮薄，轻轻一捅就破。地壳可不是西瓜皮、苹果皮，哪怕是坚硬的鳄鱼皮、椰子壳、千年老乌龟壳，甚至坦克的钢甲也没法和地壳相比。

地壳由坚硬的石头组成，不管多么锋利的西瓜刀、手术刀也切不开。

别说区区西瓜刀，就是用一排排大炮猛轰，接二连三丢几十个原子弹猛炸，也甭想把地壳炸开。

想一想，咱们这个地球挨过多少炮轰、飞机炸，也不止一次吃过原子弹，炸开过一层皮吗？

新疆昌吉的五彩湾——地壳运动的产物（袁培德／FOTOE）

西藏那曲地区藏北高原地貌（董力男／FOTOE）

　　这些人造的工具和武器算得了什么。在地球漫长的历史中，咱们的老地球还曾经遭遇过无数巨大的陨石撞击，也最多在表面撞出一个个陨石坑，留下一丁点儿伤疤，也没有撞破坚硬的地壳。

　　地壳很厚很厚，平均有 10 千米厚，相当于整个地球半径的四百分之一。

　　地壳的特点还多着呢！

　　这个"地球皮"和西瓜皮、苹果皮，任何水果皮都不同，不是均匀分布，各处的厚薄不一样，而且大不相同。

　　什么地方地壳厚，什么地方地壳薄？

　　大陆部分的地壳厚，平均大约 35 千米。最厚的地方在"世界屋脊"青藏高原下面，这里的地壳厚度整整翻了一倍，达到了 70 千米，相当于将近 8 个珠穆朗玛峰，一个接一个叠起来，才能有这么厚。

　　海洋下面的地壳薄，平均大约 7 千米，最厚的地方也只有 8 千米。

　　这个"地球皮"还分为上下两层。

上地壳不是连续分布，密度小些，主要成分是硅和铝，所以又叫硅铝层。大多是酸性的花岗岩，还有片麻岩等岩石。

下地壳连续分布成为一个完整的圈层，密度大些，主要成分是硅和镁，所以又叫硅镁层。大多是基性的玄武岩。

瞧，这硬得谁也啃不动的"地球皮"这么复杂，什么水果皮也不能相比，它是地球最好的"防弹衣"。

地球不仅有"地球皮"似的地壳，还有和水果肉相似的"地球肉"。

呵呵，"地球肉"更不好啃呀！

什么是"地球肉"？就是地壳下面的地幔。

请注意，别听着一个"幔"字，就想象是轻飘飘的窗帘。

美国黄石国家公园猛犸温泉（树莓／FOTOE）

地球肚皮里面哪有什么幕布和窗帘。

地幔和地壳一样，也可以分为上下两层。

地幔是地球最主要的部分，有2800多千米厚，约占整个地球体积的83%。想一想，这占了多大的分量，是不是和水果肉有些相像？

你知道吗，藏在地壳下面的地幔，还是地下岩浆的源泉呢。我们看见的火山爆发，就是从这里顺着一条条裂缝喷出来的。

水果有果核，地球也有自己的核，地球最里面的地核，也非常复杂呢。从外到里分为外核、内核两部分。地核里的成分主要是铁和镍。

因为铁、镍都很重，人们就会想，地球是不是和铅球密度一样？进一步提出一个问题，地球到底有多重？

计算地球的重量，可不能用秤来称，用曹冲称象的办法也不成。

地质学家有办法，根据地球的体积和密度也能计算出来。首先算出了整个地球的体积，大约 1.083×10^{12} 立方千米，平均密度是5.52克/立方厘米。

知道了地球的体积和平均密度，地球的重量一下子就推算出来了，大约是 5.9742×10^{27} 克。

铅球是冷冰冰的，摸一摸地表的岩石也是冷的。地球和铅球一样，也是冷冰冰的吗？

不，它的表面冷，里面可不冷。

温泉和火山，透露了其中的秘密。伸手摸一摸温泉水，看一眼火山喷出的火焰，就知道地球不是一个冷冰冰的大球了。

人们想知道，地球内部的温度到底有多高？这可不像用体温计测量人的体温那样简单。

通过实地观察，地下温度随着深度增加而增加，叫作地温梯度。由于岩石导热率和距离地热源远近不同，不同地区的地温梯度也不一样。在火山和地震活动频繁的地方比别处大些，当然比别的地方热些。

是不是越往地下深处，地温增加得越快？

这可不一定。在地下400千米范围内，地温增加得很快。在400千米深的上地幔内部，有一个软流层，地温接近岩石熔点，已经增加得很高了。

再往下2900千米处的下地幔底部，地温增加就明显变慢了。下地幔的物

美国夏威夷群岛的基拉维亚活火山（成兴邦／FOTOE）

质是非结晶固体，可以推知它的温度应该小于岩石熔点。

继续向下到液态的外核，主要成分是铁。这里的压力大约是150万大气压，在这样的情况下，铁的熔点是1535℃，所以外核的地温一定大于这个温度值，简直就是一团火。

内核的温度最高，大大超过了铁的熔点，推测最高不超过5000℃。坚硬的铁也被熔化了，还有什么东西能够"顽固不化"呢？这儿才是地球真正的火热的心。

噢，明白了。地球和水果一样，也有自己的"皮""肉""核"。它的"脸皮"薄，中间厚，里面有一个核。

外表冷冰冰，有一颗火热的心，这就是咱们地球的解剖图。

地球的构造

地球和气球、皮球、铅球有什么不同？
地球的肚皮里面到底有什么东西？
可以到地心去旅游吗？

第六章

地理七巧板

地图上隐藏着一个天大的秘密。可惜从前的人们天天看来看去，看不出这个神秘的信息。

为什么从前没有人发现这个秘密？

因为从前人的目光太刻板、太"科学"了，没有幻想女神的引导，缺乏丰富的想象力。

科学家有时也是幻想家。没有丰富的幻想，没准儿就不能打开新奇的科学窗户。

现在我们来说一个"地理七巧板"的故事，就是从一个离奇的幻想，发展成为一门震动了整个世界的重要学科。

早在 1620 年，我们还是明朝的时候，英国著名的哲学家培根在地图上发现了一个有趣的现象，南美洲和非洲的海岸，几乎可以完整拼凑在一起。他觉得非常奇怪，提出了自己的疑问，这到底是怎么一回事？可惜这个问题实在太古怪

英国哲学家弗兰西斯·培根
（文化传播／FOTOE）

了，远远超出了"正常人"的理智。那个时代的英国人很拘谨，特别是一些"有身份"的学者和绅士，绝对不会放下架子来思考这么一个莫名其妙的问题。

如果在"上流社会"谈论这种离奇的问题，那岂不是太掉价，太失自己的身份了吗？要知道，当时的学者大多是一板一眼的"上层人士"，不管思想和行为都四平八稳，绝对不会理睬这种"发疯"的念头。

不必埋怨当时的学者们，咱们中国的春秋时代，不是也讲究"子不语，怪力乱神"吗？

这是西方的"子不语"。

想一想，有名望地位的"子"都"不语"，该有多大的压力。

这是怎么一回事？

这就是时代的限制，还有一种无形的社会压力。因此对这个问题无人问津，

1482 年绘制的世界地图，缺失美洲大陆（文化传播/FOTOE）

一点也不奇怪。

不管怎么说，谁也没有注意培根这个有趣的发现。也许涉及"身份"和"影响"的问题，也许由于资料不够，约束了进一步探讨，培根自己也不再多想了。这个问题一放，不知不觉就放了将近300年。

话说到这里，人们不禁会问，难道以前就没有人看出这个问题吗？

这得要原谅古人。因为在1492年哥伦布发现新大陆以前，生活在旧大陆的人们根本就不知道大洋那边，还有一个辽阔的新大陆。新大陆的印第安人，也不知道外面的世界。即使哥伦布到达新大陆后，欧洲航海家绘制的地图还是错误百出。经过了上百年摸索，到了培根生活的时候，大西洋两岸的海岸线才基本上画得像模像样，与真实情况差不多。所以在此以前没有人察觉这个问题，一点也不奇怪。

只有科学家提出这个问题吗？仔细一想，倒也不见得。没准儿当时一位闲得无聊的老头儿，或者一个小学生，瞧着挂在墙上的地图，也冒出过同样的疑问。可是谁会注意到他们，他们又怎么会意识到这将引起一场地质科学的革命呢？

时间一年年过去，不知不觉进入了20世纪，培根的疑问依旧没有人搭理。

1912年的一天，年轻的德国气象学家、地球物理学家魏格纳在生病期间，躺在病床上没有事情做，抬头东看西看，无意中瞧见墙上的一张世界地图，忽然发现了同样的问题。

魏格纳敢想敢干，他可不是17世纪思想和行为都特别拘谨的英国绅士。虽然德国人也很认真，行为有板有眼十分规矩，可是他却从小就爱好探险，脑袋里很早就埋藏了一根幻想的弦。加上那时候他正血气方刚，更加无拘无束，随便"胡思乱想"了。

是的，百无聊赖的病床，常常也是各种各样幻想滋生的温床。关于这一点，大概住过医院的人都有共同的感受。别说是正儿八经的地图，就是天花板上的花纹，往往也会全神贯注研究个老半天，产生种种联想。此时此刻的魏格纳，大概也是一样的吧！

说起来真得感谢他年轻，感谢他富于幻想，似乎也得感谢他生了这场不算太大的病，感谢墙上正好挂了一张世界地图。

要不，没准儿他在忙忙碌碌的工作中，还没有时间和闲心，理睬这件和正

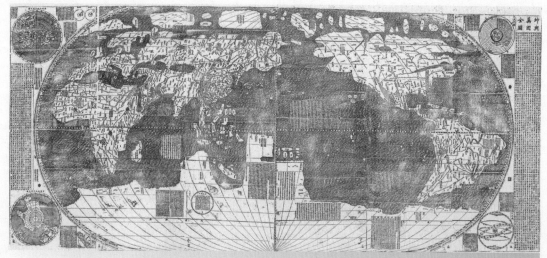

17世纪西方学者利玛窦绘制的世界地图（文化传播／FOTOE）

经事情八竿子也打不着的"闲事"呢。

多年前培根的发现，重新呈现在他的眼前。

历史就这样把荣誉交给了他，这个年轻的德国气象学家就这么被命运指引，理所当然地接过了培根的枪。

他看见了什么？

他循着培根的目光，发现了一个同样的景象。

瞧呀！南美洲的巴西海角，可以完全塞进非洲的几内亚湾。突出的西非海岸，似乎也可以塞进中美洲的加勒比海。

这边的美洲、那边的非洲，好像是一个掰开的大饼。不知是什么力量撕裂了它们，分隔在大西洋两边。

魏格纳越看越觉得不可思议，一颗好奇的心鼓动着他。

难道这是偶然的巧合吗？

不，他突然冒出一个想法：这就是一个完整的大陆，后来才分开的。当时根本就没有大西洋，大西洋也是后来形成的。

生性就喜欢幻想和冒险的魏格纳，可不像做事非常严格拘谨的培根。他觉得很有趣，没有撇开不管，一脑袋就扎了进去，决心弄个明明白白。

怎么解决这个问题？

科学家可不能光靠幻想工作，丰富的想象力仅仅是启发，不能代替科学本身。科学研究只靠想象不成，需要有可靠的证据。如果仅仅停留在幻想，岂不就是科幻小说了吗？

为了证实自己的想法，他立刻开始搜集资料，验证这个设想是不是能够成立。

这是一个崭新的想法，没有现成的资料，一切都必须自己动手。

到哪儿去找材料呢？

去问大地本身吧。

去当一个破案的警察吧。

请设想这么一个案件。在警察面前摆放着一张写满了字、从中间撕开的纸，怎么才能证明，它们原本是一张纸，后来才撕开的？必须设法找到以下两个基本证据。

不仅两边参差破碎的形状相互吻合，一些撕破的字迹也应该能拼凑连接在

地壳运动演变示意图，广西柳州博物馆（杨兴斌／FOTOE）

一起，才能证明是一张纸。

他仅仅完成了第一步，从地图上得到启发。下一步，还必须进一步拼凑两边撕开的"字迹"。

怎么辨认这些"字迹"？那可是更加细致的工作了。

首先对比两边的山脉和岩石，发现一些地方不仅地质构造和地层、岩石完全一样，甚至一些古生物化石也相同。例如，巴西和南非的石炭纪、二叠纪的地层中，都有一种罕见的中龙化石，在世界上其他地方都没有发现过。这种"龙"生活在淡水里，是一种小型爬行动物，既不是有皮膜"翅膀"的翼龙，也不是会在海里游泳的鱼龙，既不能在天上飞，也不能泡咸咸的海水。如果巴西和南非以前没有连接在一起，怎么可能在两个地方都有它的踪迹呢？

更加有趣的是，有一种园庭蜗牛，在西欧和北美洲都有踪迹。比乌龟爬得还慢的蜗牛，怎么可能穿越大西洋，似乎也暗示着什么隐秘的历史。

有人说，这些地方原先不一定是一个整体，很可能中间有一道狭窄的"陆桥"相通，后来这些"陆桥"消失了，才断绝了两边的联系。

这样说，虽然也可以勉强解释，但是所谓的"陆桥"也仅仅是一个想法而已，找不到一点证据。

德国气象学家、地球物理学家魏格纳（全景网）

舌羊齿 Glossopteris Angustifolia Brongniart

产 地：西藏定日

Locality: Xizang

舌羊齿化石，中国地质博物馆（樊甲山／FOTOE）

　　魏格纳又发现，还有一种古生代的石炭纪和二叠纪期间生长在寒冷气候环境里的舌羊齿植物化石，当时不仅在南美洲和非洲，还在印度、澳大利亚、南极洲广泛分布。当时这些地方有古冰川活动，是不是暗示这些大陆曾经连接在一起，那时候的气候和现在不一样？

　　所有的这些证据都说明了一件不容抹杀的事实，大西洋两边曾经相互连接。这些两边相同的地质现象和动植物化石，岂不就是撕开的"字迹"吗？

　　魏格纳接着追查下去，发现了越来越多的科学证据，得出了一个惊人的结论。全世界所有的大陆在古生代石炭纪以前，是一个整体，给它取一个名字叫作"联合古陆"，外面包围着统一的世界大洋，后来才一块块四分五裂，逐渐形成了今天我们看见的大洲和大洋。

　　经过认真研究，魏格纳坚信就是这么一回事。他在《海陆的起源》中提出了石破天惊的"大陆漂移"学说。

　　"大陆漂移"学说和"陆桥"论的根本区别，在于后者认为所有的大陆都像有根的树木一样，永远固定在一个地点不变。魏格纳却认为这些大陆统统都可以移动。一个"动"、一个"静"，就是这两个观点的根本差别。

"大陆漂移"学说完全颠覆了过去的观念，受到了激烈反对。

面对这个新奇的理论，人们不禁会问，这么大一块陆地，毕竟不是大饼。什么力量才能"掰开"这个巨大的古陆，就算裂开了，又是怎么移动的呢？

他解释说，可能是海洋潮汐，加上太阳和月亮的引力造成的。

他这么一说，一些较真的物理学家立刻动手计算，发现这些力量实在太小了，根本就没有办法推动沉重的大陆。他的学说受到怀疑，一些正统科学家讥讽这是一个"诗人的梦"。

在众人的嘲笑声中，这个说法好像一个美丽的肥皂泡，一下子就破了，似乎真是一个无稽的幻想。

魏格纳的设想，真的就是一个梦，一篇科幻小说吗？

不，另一些科学家受到启发，一个接一个站出来，从不同的角度继续研究。

最后他们发现地球自转所产生的巨大离心力，加上地下深处岩浆运动的作用，足以撕裂整块大陆，再加上日月引力，等等，在漫长的时间因素作用下，大陆漂移不是不可能完成的。

为什么这些巨无霸般的大陆能够移动？

原来地壳本来就不是一个整体。上部的硅铝层漂浮在下面的硅镁层上，并不是牢牢结合在一起的。只要在足够的外力作用下，就能像一只大船似的缓慢移动了。这些分裂的大陆慢慢漂移到四方就生成了各个大洲，原本统一的世界大洋也解体成为不同的大洋，逐渐形成今天我们看见的样子了。

通过后来越来越多的发现，特别是精确的大地测量，证实大陆的确没有"根"，许多板块还在不声不响缓慢移动着，一些地方快、一些地方慢。印澳板块就正以每年4厘米的速度，不断向北面的西藏方向挤压，使喜马拉雅山脉越来越高。特别值得一提的是红海两边的非洲和亚洲正在慢慢分开，一个新的大洋正在逐渐孕育形成之中。经过若干年以后，没准儿人们会不认识现在地球上海陆分布的样子了。

古地磁的资料也表明，一些大陆原本并不在现在的位置，而是经过漫长的移动，才成为现在这个样子的。

后来有一位法国地质学家进一步研究，提出世界上总共有欧亚板块、非洲

由于板块挤压而形成的喜马拉雅山脉（杨兴斌／FOTOE）

板块、美洲板块、印澳板块、南极板块和太平洋板块等六大板块，更加丰富了这个学说。

也有人说，原始古陆不是一块，而是南北两块。北半球的一块叫劳亚古陆，南半球的一块叫冈瓦纳古陆，中间隔着一个长条形的古海，叫作特提斯古海，又叫古地中海。这两个古陆后来逐渐向中间的赤道漂移，古地中海逐渐缩小，最后终于在东段挤压形成了世界屋脊的喜马拉雅山脉。大陆分久必合、合久必分，海洋一会儿扩张、一会儿封闭，形成了特殊的演变历史。

富于幻想的魏格纳已经逝世了，"大陆漂移"学说还在不断发展，最后终于被世界接受了。这一门从培根到魏格纳，由于看地图而萌发的新奇学说，终于牢牢站稳了脚跟，成为现代地质学的一个主流学说。

我们应该接受一个观念，有时候科学也需要幻想，不能刻板对待一些新思维。当然幻想也必须符合科学，不能胡思乱想，这才是最重要的。

你知道吗

魏格纳的贡献

魏格纳有什么了不起的贡献？为什么？

"地理七巧板"

剪开一张世界地图，自己动手试一试，是不是可以拼出一副"地理七巧板"？做好了，别忘记"咔嚓"拍一张照片。

第七章
切开 "地球瓜"

你会切西瓜吗? 横一刀、竖一刀, 不管怎么切, 都能一刀把圆溜溜的西瓜切成两半。

地球既然是一个球, 也和西瓜一样, 可以横一下、竖一下, 切成不同的半球。

西瓜怎么切, 可没有固定的章法。地球怎么切, 也没有统一的规定。不同的切法, 可以切成不同的半球。

请看地球有什么不同的切法吧。

这不用问卖西瓜的师傅, 得要请教地理学家。

第一种切法, 顺着赤道把地球横着切开, 可以分成北半球和南半球。

我们住在北半球, 越往北边走, 天气越冷。北极是北半球的中心。

南半球正好相反, 越往南边走, 天气越冷。南极是南半球的中心。

南半球的季节也是和北半球相反的。北半球过冬天时, 南半球过夏天; 北半球过夏天时, 南半球过冬天。

有趣的是, 在南北半球看到的星星也不一样。南半球的夜晚, 瞧不见熟悉的北斗七星和牛郎星、织女星, 夜空中布满了陌生的星座。瞧着这些陌生的面孔, 好像到了另一个世界。

第二种切法, 顺着 0° 和 180° 经线, 一刀把地球剖开, 可以分成东半球和西半球。

中国在东半球, 美国、巴西在西半球。东西半球的时间不一样, 咱们这儿是白天, 美国、巴西那边是夜晚。如果世界杯足球赛在巴西举行, 我们想看现场比赛直播, 只好熬红了眼睛在半夜看了。

地理学家说, 地球这个 "瓜", 还有别的切法。

根据海陆分布不一样，还可以把地球分成陆半球和水半球。

陆半球的中心在西班牙东南沿海，经线0°、北纬38°的地方。以这里为中心划出的陆半球，包括欧洲、亚洲、非洲和南北美洲，陆地的面积最多，所以叫作陆半球。

水半球的中心在新西兰东北沿海，东经180°、南纬38°的地方。以这里为中心划出的水半球，包括太平洋和印度洋的南部。这儿只有大洋洲和南极大陆两块陆地，海洋的面积最大，所以叫作水半球。

拨动着地球仪仔细看，还会瞧见一些有趣的现象。

瞧呀！地球上的陆地分布规律很有趣。除了南极大陆，所有的大陆都是南北成对分布。

第一对，北美洲和南美洲。

第二对，欧洲和非洲。

第三对，亚洲和大洋洲。

每个大陆都是北面宽、南面窄，好像是一个个倒挂的三角形。

每一对大陆中间，都有大断裂带分布，好像谁用刀子把它们剖开似的。

南极大陆虽然没有成对的别的陆地，却和北冰洋在两极对应分布，也很有趣呢！

这一对对陆地，好像是剥了橘子皮后露出来的一瓣瓣橘肉。地理学家就给它们取了一个非常形象的名字，叫作"大陆瓣"。

位于肯尼亚的赤道标志（蔡憬／FOTOE）

台湾岛最南端的恒春半岛（靖艾屏／FOTOE）

　　再一看，还有一个有趣的现象，大多数岛屿都分布在大陆东岸。

　　亚洲东岸从北边的萨哈林岛、千岛群岛，经过日本列岛、琉球群岛、我国的台湾岛、菲律宾群岛，直到南面的"千岛之国"印度尼西亚，如同一大串珍珠项链似的岛屿环绕在亚洲大陆东部，人们称之为"花彩列岛"。

　　北美洲也有自己的"花彩列岛"。从加拿大的北方岛屿和格陵兰、芬兰，一直伸展到加勒比海上的大、小安的列斯群岛，也很丰富多彩呢！

　　澳大利亚东面有塔斯马尼亚岛和大堡礁。

　　南美洲东面有马尔维纳斯群岛，非洲东面有桑给巴尔、马达加斯加，虽然不算多，也印证了一个个大洲东边都有岛，或者存在岛链分布的规律。

　　地理学家说，欧洲和亚洲其实是同一个大陆，自来就叫作欧亚大陆。欧洲只在西边有一些岛屿就不奇怪了。

澳大利亚大堡礁中的圣灵群岛（董建民／FOTOE）

地球的表面不是光溜溜的，有高高低低的起伏。

世界上的陆地有高有低。

世界上的海洋也有深有浅。

人们想知道，不同高度的陆地、不同深度的海洋各占地球多大面积，有办法知道吗？

有办法！

地理学家画一张海陆起伏曲线图，这就一清二楚了。

画一条海陆起伏曲线图很简单，纵坐标是高度，横坐标是面积。把不同高度的陆地和不同深度的海洋投影上去，一条反映真实状况的曲线就画出来了。

为了帮助大家清楚掌握海陆起伏地形的规律，把不同高度的陆地、不同深度的海洋的实际面积占全球面积的比率，列表叙述如下：

陆地高度（米）	面积（百万平方千米）	占全球面积比率（%）
> 3000	8.5	1.6
2000 ～ 3000	11.2	2.2
1000 ～ 2000	22.6	4.5
500 ～ 1000	28.9	5.7
200 ～ 500	39.9	7.8
0 ～ 200	37	7.3
< 0	0.8	0.1
共计	148.9	29.2

海洋深度（米）	面积（百万平方千米）	占全球面积比率（%）
0 ～ 200	27.5	5.4
200 ～ 1000	15.3	3.0
1000 ～ 2000	14.8	2.9
2000 ～ 3000	23.7	4.7
3000 ～ 4000	72.0	14.1
4000 ～ 5000	121.8	23.9
5000 ～ 6000	81.7	16.0
> 6000	4.3	0.8
共计	361.1	70.8

从这两个统计表可以清楚得出以下结论：

1. 海洋面积约占全球面积三分之二，比陆地多得多。

2. 海拔 0 ～ 1000 米的平原和低山与深度大于 3000 米的深海共占全球总面积的 75.7%，是最主要的部分。

五大洲、七大洲

请问，地球上有几大洲？

是五大洲还是七大洲？

看一看飘扬在奥林匹克运动会上的五环旗就明白了，这五个紧密相连的圆环代表五大洲。蓝色是欧洲，黄色是亚洲，黑色是非洲，绿色是大洋洲，红色是美洲。

地球上真的只有五大洲吗？

不，世界上有七大洲。

除了亚洲、非洲、欧洲和大洋洲，美洲分为北美洲和南美洲，再加上南极洲，就是七大洲了。

说到这儿，应该说一下，什么叫作"洲"。

"洲"是一片大陆和附近岛屿的总称。用这个标准检查各大洲，欧洲就不合格。因为它和亚洲连在一起，只能算是亚洲大陆往西边伸出去的一部分，应该统称为欧亚大陆，怎么有资格单独叫作一个"洲"呢？可是由于地理隔绝，欧洲在历史上曾经长期单独发展，所以就把它也称作一个"洲"了。

非洲和亚洲、北美洲和南美洲，虽然也有一些藕断丝连，可是因为连接的地方很少，可以忽略不算，各自还算是独立的"洲"。

第八章

东南西北

陀螺在地上滴溜溜旋转时，中间有一个轴，整个身子都围绕着这根轴飞转。

地球也有一个轴，带动着地球不停地滴溜溜旋转。

地球中间的轴，叫作地轴。

陀螺旋转的时候，几乎整个身子都在飞转。只有轴的上下两个点，几乎一动不动，没有跟着转动。

北极冰原俯瞰（黄旭／FOTOE）

1911 年 12 月 14 日，挪威探险家阿蒙森等人在南极点（文化传播/FOTOE）

地球自转的时候，在地轴两头的上下两个点，也同样不动。

这两个点就是地球的北极点和南极点，通常叫作北极和南极。

北极点、南极点和别的地方有什么不一样呢？

来到北极点、南极点，方向的概念好像变魔术似的一下子变了样。

以北极点来说吧，这里没有东和西，连北也消失了。不管往什么方向迈出一步，统统都是南方。在南极点恰恰相反，不管往什么方向都是北方。

为什么会只有一个方向呢？因为它们是北和南的极点呀！要不，怎么会叫作北极点、南极点呢。

北极在北冰洋上，南极在南极大陆的腹心。北冰洋是北极熊的故乡，南极大陆是企鹅的老家，都是一派冰雪覆盖的地方。如果谁以为北冰洋很冷很冷，相反的南极大陆必定很热很热，那就闹大笑话啦。

是呀！除了北极点和南极点，不管在什么地方，都有东西南北不同的方向。如果你在天安门广场上，面朝人民英雄纪念碑方向站立，那么前面就是南方，背后的故宫博物院是北方，左边的国家博物馆和东单是太阳升起的东方，右边的人民大会堂和西单是太阳落山的西方。

古老的北京城四四方方的，城内的主要街道也整整齐齐。外地人问路，当地人就会认真指点，往东一直走，前面第一个路口往南，走进西边第一个胡同，路北第一个门洞就到了。如果道路比较复杂，再细心地东西南北一番指点。只要你牢牢记住了，按照方向前进，绝对不会弄错。

北京人的方向观念非常清楚，即使在黑咕隆咚的电影院里，没准儿也会忽然钻进来一个迟到者，十分抱歉低声对你说："劳驾，往西边挪一个位子好吗？"四周一团漆黑，哪能分辨东南西北，非得把初来乍到的外地人弄得稀里糊涂不可。

瞧，北京人脑袋里的东西南北的观念就是

1914 年的北京地图（宝盖头/FOTOE）

这么清楚。总比重庆人指路说"上了这个坡坡，再下一个坡坡，斜起又上一个坡坡，转一个大弯弯，再转一个小弯弯，就在前头那个坎坎底下"容易理解得多吧。

除了四面，还有八方。我们在生活中，不是常常说四面八方吗？

四面清楚了，八方是怎么一回事？

除了正东、正西、正南、正北以外，还有东北、东南、西北、西南，加在一起就是八方了。

如果在这八方之间，又稍微偏一丁点儿，该怎么表示呢？

这也好办，就引出了东偏北、东偏南、西偏北、西偏南的概念，加在一起就是十二方。

请注意，这样划分仅仅是大致的方位。严格来说，不是太科学。因为老祖

海南万宁日落景色（卢传雄／FOTOE）

宗对方位的要求不是太高，有一个大致的方向就成。

话说到这里，咱们再换一个有趣的话题。

在东西南北四个方向中，是先有东西，还是先有南北？这四个基本方位，到底是怎么划出来的？

这个问题看似问得很傻，其实一点也不傻，这是古代地理学中的一个最基本的观念。

请你牢牢记住，许多知识都来源于生活实践，方向划分也是一样的。

答案很简单，世界上不管什么民族，都是先分出了东西，再分出南北。

为什么这样说？因为人们每天瞧见太阳从东方升起来，西边落下去，产生了牢固的"日出于东，日没于西"的观念。于是就用东方和西方为基准，再进一步分出了南北。东和西，是古时候确定方位的基本依据。这样一代代流传下来，就形成根深蒂固的观念了。

请问，这个世世代代不变的观念，真的没有一点问题吗？

请问，太阳每天真的从正东方升起，正西方落下去吗？

不，由于季节和各种各样的地方因素，太阳并不是真正东升西落，总会有一些偏差。

如果不信，请你在固定的时间和地点，用罗盘测量一下就明白了。一年四季里，日出日落的方向总有一些偏差，并不是真正"日出于正东，日没于正西"。只不过这些偏差不算太大，咱们的老祖宗要求不高，没有注意罢了。

这可是一个非常有

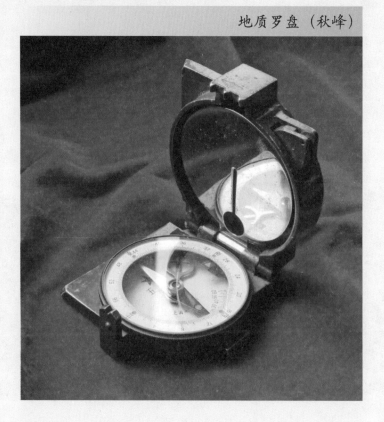

地质罗盘（秋峰）

趣的课外作业，现在我就提醒看这本书的孩子们，请你们找一个精度比较高的罗盘，最好是地质罗盘，别用路边小文具店卖的那种简单的"指南针"。每天日出的时候，仔细测量日出的方位。坚持一天不空缺，一年春夏秋冬记录下来，就能积累丰富的资料了。如果一个老师指导一个课外兴趣小组，进行这个小小的科学研究最好。观测一年后你们就会发现，不同季节的日出日落方向有一些变化。自古相传的"日出于东，日没于西"的观念，的确存在着偏差。

这样的偏差在古代社会无所谓，现代要求很高，就不行了。

试问，飞机、轮船航行，导弹、卫星发射，方向差一丁点儿成吗？那可就是失之毫厘，谬以千里了。

在我们的生活中，那种正东、正西、正南、正北，以及什么正东北、正东南、正西北、正西南的情况总不是太多吧？大多总有一些偏差，该怎么解决这个问题呢？这个简单而又复杂的问题，到底该怎么解决才好？

把这个问题交给现代地理科学家来处理吧。

请注意，我说的是现代地理科学家，而不是"之乎者也"的古代地理学家。

现代科学判定方向的根据，不是根据老掉牙的"日出于东，日没于西"的现象，而是根据另一套认识系统，先定南北，再定东西。

这又回到我们一开始就讲过的地轴和北极点、南极点的概念了。这个认识系统的基础，来源于地球运动。北极点、南极点是两个基本点，基本上不会变化。地质罗盘的设计根据，就是以这两个点为基准，进一步确定四面八方的。

在地质罗盘上，正北是 0°，也是 360°。与此相反的正南是 180°，正东 90°，正西 270°。其他方位都可以用度数来表示，完全不用什么东偏北、东偏南、西偏北、西偏南了。

因为以南北为基准点，就不用东北、东南、西北、西南这一套表述方法，而是北东、北西、南东、南西。要说清楚一个地点的位置，就是北东多少度、北西多少度、南东多少度、南西多少度。毫不拖泥带水，一下子就说得清清楚楚的。飞机、轮船朝这个方向航行，导弹、卫星朝这个方向发射，绝对不会出错误。

接着我们再说说另一些古代关于方向的有趣的划分办法吧。

我们的老祖宗还曾经用四种神兽、神鸟，也就是"四象"代表四个方向，

按照唐代建筑风格修建的京都城，日本江户时代绘画（文化传播／FOTOE）

东方青龙，西方白虎，南方朱雀，北方玄武。东汉学者班固在《白虎通义》中说"左青龙、右白虎、前朱雀、后玄武"，就是说的这回事。

用大唐帝国的长安城来说吧，皇帝居住的王城北边有一个玄武门。李世民夺取政权的"玄武门之变"，就发生在这里。南边的朱雀门外，有

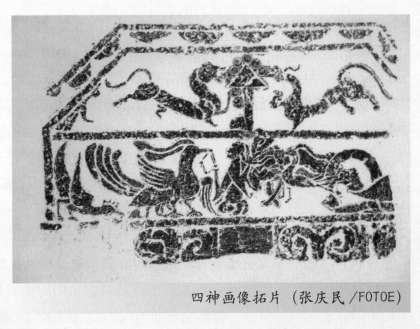

四神画像拓片（张庆民/FOTOE）

江苏南京玄武门（郑晨烜/FOTOE）

一条南北伸展的朱雀门大街，是当时最繁华的商业大街，好像北京的前门大街一样。

那时候，日本对中国崇拜得五体投地，一次次派遣唐使前来学习，学习消化来不及，干脆就统统照搬过去，抄袭了长安城的格式，修建了一座京都城，也有一条同名的朱雀门大街。"四象"的观念，也传播到了日本。

不仅长安这样，金陵（今天的南京）也一样，北门叫作玄武门，南门叫作朱雀门。有名的玄武湖就在城北，坐落在钟山的北麓，东晋时期干脆就叫北湖。诗人刘禹锡笔下的"朱雀桥边野草花，乌衣巷口夕阳斜"中的朱雀桥，就是南京城南边秦淮河上的一座桥。

古代表示地理方位，还有许多复杂的办法。有一种办法是用阴阳来表示。

什么是"阴阳"？就是朝着太阳，或是背着太阳。前者是阳，后者是阴。咱们中国在北半球，山水一般都是东西走向。山隔着水，水隔着山。山的南面，水的北面向阳；山的北面，水的南面向阴。《春秋榖梁传》说"水北为阳，山

洛阳白马寺（董力男／FOTOE）

北京中山公园五色土（王琼／FOTOE）

南为阳"。《说文解字》解释说"阴，暗也；水之南，山之北也"。《元和郡县志》进一步说明"山南曰阳，山北曰阴；水北曰阳，水南曰阴"，都是这个意思。

瞧吧，华阴在华山之北，衡阳在衡山之南。江阴在长江之南，洛阳在洛水之北，就是这样表示的。

还有一种办法是用木、火、金、水、土"五行"表示方向。

汉代学者董仲舒在《春秋繁露·五行之义》中说"木居左、金居右、火居前、水居后，土居中央……是故木居东方而主春气，火居南方而主夏气，金属西方而主秋气，水居北方而主冬气"。

五行学说中，木、火、金、水、土又和青、赤、白、黑、黄五种颜色相互对应。明代学者杨慎说得很清楚："木色青，故青者东方也；木生火，其色赤，故赤者南方也；火生土，其色黄，故黄者中央也；土生金，其色白，故白者西方也；金生水，其色黑，故黑者北方也。"

在古人眼中，数字可以和五行配合，也可表示地理方位。

西汉学者扬雄在《太玄》中说："一、六为水，二、七为火，三、八为木，四、九为金，五、十为土。一与六共宗（居北方），二与七为朋（居南方），三与八成友（居东方），四与九同道（居西方），五与十共守（居中央）。"就是这个意思。

天干和五行结合起来，也表示地理方位。自古流传一段口诀："东方甲乙木，南方丙丁火，西方庚辛金，北方壬癸水，中央戊己土"。王莽时期，为了联系关中平原和汉中盆地，开辟了一条南北通道，取名叫作"子午道"。子代表北方，午代表南方，就是一条连通南北的大道。根据这个原因，后来在经纬度划分中，把连接地球南北两极的经线，又叫作子午线。

《五行各物图》，民国初年锦章书局绘制（刘长随／FOTOE）

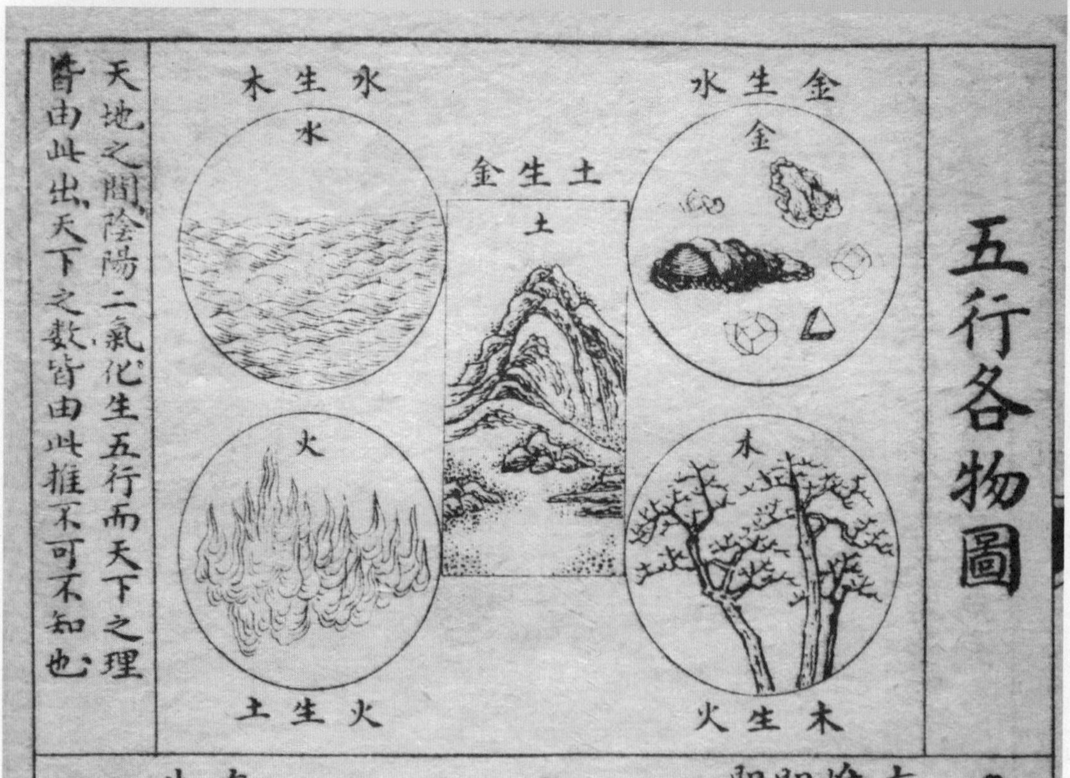

因为日出东方是卯时，日落西方是酉时，和表示北方和南方的子时、午时相对应，还把卯和酉当作是东方、西方的代名词。

啊，咱们的老祖宗实在太聪明了，发明了这么多表示地理方位的方法，咱们得要好好研究一下才成。

关于方位问题，在现代生活中，也有类似的表述方法。例如在飞行和航行过程中，有时候也用钟面系统简单表述航向。说什么"12点方向""3点方向"等等，一句话就明确表示了空间方向，也是一种行之有效的办法。

你知道吗

八卦和方向

古时候，神秘的八卦也可以表示地理方位。

按照乾、坤、震、巽、坎、离、艮、兑八卦的排列顺序，震代表东方，离代表南方，兑代表西方，坎代表北方，叫作"四正"；巽代表东南方，坤代表西南方，乾代表西北方，艮代表东北方，此为"四隅"。

这一看就明白了。原来"四正"和"四隅"，表示的就是四面八方呀！

第九章
不指北方的指北针

请问如果你在野外迷路了，怎么辨认方向？

孩子们都会说，用指南针呗。

指南针也是指北针，又叫作罗盘，是我国古代的四大发明之一，后来才传播到全世界，带动了航海事业蓬勃发展，其他许多领域也应用到指南针，是咱们的老祖宗对人类的重大贡献。

古代指南针——司南，中国地质博物馆（樊甲山/FOTOE）

人们相信罗盘上的指针。它的一端指示南方，另一端指示北方。按照它指示的方向走，绝对不会迷失方向。

为什么它能够指示南北方向？

是不是妖精使的法术？

哈哈！这是科学，不是童话故事，哪有什么隐身的妖精。

道理很简单。因为地球本身就是一个"大磁铁"，在地磁轴的两端一边是磁北极，一边是磁南极，有非常明显的磁性。南北两个强大的磁极吸引着磁针，总是指着南北。只要沿着磁针指示的方向前进，就不会迷失方向了。

地磁轴和地轴不是一回事，所以磁北极、磁南极也就和地理北极、地理南极不是一回事。

南宋末年，文天祥在一首诗中说"臣心一片磁针石，不指南方不肯休"，用永不变化的磁针石表达对国家忠心耿耿，真是最好的譬喻。

忠诚的文天祥有一颗永远不变的爱国心，罗盘上的指针是不是也永远指示北方和南方，可以把我们带到遥远的北极和南极？

钒钛磁铁矿石，中国地质博物馆（杨兴斌/FOTOE）

不，如果谁顺着罗盘指针笔直地往前走，他永远也别想走到地理北极和地理南极，也就是真正的北极点和南极点。

咦，这是为什么，难道指南针也不指示南方和北方吗？

指南针虽然能够指示南北，不过那只是大致的方向，并不能把人们带到真正的北极点和南极点。

哦，越说越玄了。指南针不能完成这个任务，肯定是次品。

不，别怀疑指南针，这是地球本身的问题。说来道理很简单，因为地球是一个磁化的星球，有相当强烈的磁场。从磁北极到磁南极，有一条条看不见的磁力线，叫作磁子午线。罗盘上的指针受磁力线的影响，指示的是磁北极和磁南极，压根儿就和地理北极、地理南极不是一回事，二者相距还有一段距离。如果闷着脑袋被罗盘指针牵着鼻子走，绝对走不到真正的地理北极和地理南极。因为磁北极和地理北极、磁南极和地理南极不在一个点，所以磁子午线和地理经度中间有一个磁偏角。

噢，明白了。磁偏角就是罗盘指针和地理南北极方向的偏差，不同地方的磁偏角不一样。要想精确测出南北方向，必须把当地的磁偏角算进去才行，才能够走到真正的北极点。

谁最早发现磁偏角？是不是航海家哥伦布？

不，我国北宋时期的沈括早就发现磁偏角了，在《梦溪笔谈》中指出"然常微偏东，不全南也"。这是世界上关于地磁偏角的最早发现，比哥伦布还早四百多年。

除了磁偏角，还有磁倾角，是地球磁场和水平面的夹角。在北半球距离磁北极比较近，受到磁北极的影响，磁针会向北边往下倾斜。要想保持平衡，必须在磁针朝南的一头缠一根细铜丝，才能使磁针平平稳稳测出准确的方向。距离磁北极不同的地方，磁针被吸引往下倾斜的程度也不同，所以就产生了不同的磁倾角。要想把方向测得准确，也应该把磁倾角计算进去。

磁偏角、磁倾角、地球磁场，是地磁三要素。

罗盘指针总是受地球南北两个磁极的影响，指着南方和北方不变吗？

那可不一定，往往在一些有磁铁矿的地方，或者其他原因，会出现地磁异常，影响磁针偏转。这可是一个很好的找矿办法，在俄罗斯平原南部，著名的库尔斯克大铁矿就是这样被发现的。

关于这个铁矿的发现，有一个有趣的故事。

从前这儿有一个奇怪的现象，所有的罗盘指针到这里都乱转一通，不能指向真正的南北。人们猜出地下必定有一个巨大的磁铁矿。有人根据这个现象，悄悄画了一张地下铁矿分布的草图，摩拳擦掌打算开发。想不到战争发生了，只好暂时放弃了这个行动。

十月革命胜利后，一个德国资本家眼看自己没法开采，就提出以 800 万金卢布的价格，把这张铁矿分布图，卖给新成立的苏维埃政权。列宁拒绝了这个交易，组织专家动手勘察。1923 年春天，终于在 162 米深的地下钻孔里，发现了磁铁矿石，新发现铁矿储量是之前全世界已发现储量的一倍，真了不起呀！

这里并不是唯一从地磁异常发现铁矿的地方。地质队员们使用先进的仪器，

上海浦东新区，雕塑《磁》 （逍遥游/FOTOE）

探测地下深处的秘密，已经发现了越来越多的矿藏。甘肃祁连山发现的亿吨级磁铁矿，就是这种磁法勘探的又一个很好的例子。

地磁的秘密还有很多很多。通过深入研究，地球物理学家又发现了一个更加重大的地球秘密。

地磁南北极的位置不是固定的，而是在静悄悄地移动着，尽管移动速度非常缓慢，但是在长时间作用下，位置变化也很明显。总的来说，是在向西迁移，大约每年 0.18°。地磁极向西迁移，大约持续了 2000 年。

为什么会是这样？因为地球深部物质不断变动，使地磁轴也不断微微摆动。磁北极和磁南极也就不断迁移变化了。说得更加清楚些，可能是地幔比地磁发源地——地核转动得快些，所以就产生了这种地表磁场向西移动的现象。虽然这种运动非常缓慢，一时不容易发现，可是长时间积累的结果，变化也相当可观。

请看下面的记录，不明白情况的人，准会大吃一惊。

1960 年，磁北极位于北纬 74° 54'、西经 101°，磁南极位于南纬 70°、东经 148°。

1965 年，磁北极迁移到北纬 78° 36'、西经 69° 48'，磁南极迁移到南纬 78° 36'、西经 110° 12'。

1970 年，磁北极又悄悄迁移到北纬 76°、西经 101°，磁南极又迁移到南纬 66°、东经 140°。

短短 10 年中，地磁极竟有这样大的变化，带动着磁偏角在不同时间、不同地点也跟着不断地变化。

现在地磁极有变化，从前必定也有变化。几千万年、上亿年的地质历史里，这样的变化非常惊人。

在许多岩石里，含有磁性矿物成分，记录了过去地质历史时期里的地球磁极方向。科学家利用古代岩石里的剩余磁性，就可以恢复当时的地球磁极位置。例如在福建沙县至上杭一带，采集距今 6500 万年的白垩纪的岩石样品分析，测量出当时的磁北极在北纬 79° 40'、东经 210° 30' 的地方，和现在有很大不同。还测量出距今 2.9 亿年的二叠纪，磁北极在加拿大西海岸。当时中国大部分地区都在赤道附近呢。

地磁极的捉迷藏游戏还没有完。科学家接着检查一层层岩石里的剩余磁性，想不到又发现了一个更大的秘密。

古时候地球磁极曾经发生过许多次位置倒转。原来的磁北极变成了磁南极，磁南极又变成了磁北极。仅仅在最近 450 万年中，地球磁极就曾经先后倒转了四次之多。

地球磁极倒转是天翻地覆的大变化，不消说会对环境演变、生物

国家地磁台在漠河设的磁偏角观测标志（杜殿文 /FOTOE）

发展产生重大影响，地球历史里的一些地球磁极倒转重大事件和它都有关系。最近的一次地球磁极倒转发生在 69 万年前，那时候磁北极在南面，磁南极跑

到了地球北面。这样天翻地覆的变化，在漫长的地质时期不知颠倒了多少次。颠颠倒倒的地磁极，好像魔法师表演的精彩节目。如果那时候有人顺着罗盘指引的方向前进，准会找不着北，弄得晕头转向。

小知识

地球的其他物理性质

地球不仅有磁性，还带电，也有弹性和塑性呢。

大地电流密度，平均大约是每平方千米 2 安培。地电场会发生变化，也有地电异常的现象。引起地电场变化有来自地球内部和外部的原因。地质队员根据这种变化，创造了电法勘探的方法，和磁法勘探一样，都是地球物理勘探的基本方法。

因为地球有弹性，所以能够传递地震波。在外来的日月引力作用下，还能产生微弱的固体潮，使地壳升降 7 到 15 厘米呢。

因为地球有塑性，所以一些岩层经受强烈的作用，有时候仅仅发生弯曲，并不会完全断裂开。

地球的物理性质可复杂了，不是简简单单的大圆石头球儿。

你知道吗

地磁极和地理南北极

为什么顺着罗盘指北针，走不到真正的地理北极？

地磁极的位置会发生变化，地理北极和南极的位置也会变化吗？为什么？

库尔斯克大铁矿是怎么发现的？

第十章
地球的格子衬衫

格子图案的衣服很好看，许多人都喜欢穿格子外套和格子衬衫。

信不信由你，咱们的老地球也有一件格子衣服。

地球经纬度示意图（全景网）

哈哈！地球至少也有几十亿年的年纪了，是老爷爷里最老的爷爷，恐龙、三叶虫都是灰孙子。这么一大把年纪还追求时髦，不怕别人笑掉了大牙？

不，地球穿这种格子衣服不是爱美，而是为了人们方便。这也不是真正的衣服，是地理学家在它的身上画的一个个方格子呀！

咦，这些方格子在哪儿，咱们天天都生活在大地上，怎么没有瞅见？

是四四方方、整整齐齐的高速公路网吗？

不是的。

是一块块田地吗？

不是的。

是方方正正的古城吗？

也不是的。

什么道路呀，田地呀，城镇呀，实在太渺小了，压根儿就不配和巨大的星球相提并论。

得了，别胡乱猜了。这些格子不是看得见、摸得着的东西，是人们画在地图和地球仪上一种假想的线条组成的特殊格子。

你不信吗？请看地图和地球仪上一条条横竖笔直伸展的线条，一个个排列整齐的方格，岂不就像是披在地球身上的一件格子衣服吗？

这不是真正的衣服，而是地图上的经纬度。一条条竖列的经线和一条条横排的纬线交叉排列在一起，就组成这种特殊的方格子图案了。

经纬线不是为了好看的，

葡萄牙航海家用象限仪确定纬度
（文化传播／FOTOE）

而是为了实用方便。想一想，如果一艘船在茫茫大海上遇难了，或者一群人被困在深山或者沙漠里，急着向外面呼救，却说不清楚精确的位置，别人怎么找到他们及时救援？

经纬度是一种地理坐标系统。有了这种地理坐标，就能清楚表示地球上任何地点的确切位置，实在太有用处了。

例如，北京天安门中心的地理坐标是北纬 39° 54' 26.37"，东经 116° 23' 29.22"。

想一想，如果没有经度和纬度，能够说得这样清楚吗？

这样的地理坐标是什么时候，由谁建立起来的？

经度和纬度是同时划分出来，一下子就画出来的吗？

公元前 344 年，马其顿王国国王亚历山大东征的时候，一个随军地理学家尼尔库斯首先划分纬线。亚历山大的大军横扫地中海沿岸和小亚细亚、波斯等许多地方，往东方越走越远，建立起横跨欧亚非三洲的庞大帝国。尼尔库斯一面观察一面沿途搜索资料，发现由西向东的各地，无论季节变换和日照长短，都非常相似。他就在进军的地图上画一条线，从西边的直布罗陀海峡开始，经过波斯高原、喜马拉雅山脉，一直延伸到遥远的太平洋，用来表示这个不平常的地理现象。

这就是人们画出的第一条纬线。

虽然亚历山大的帝国很快就四分五裂瓦解了，可是在古埃及一座以他命名的亚历山大城里，建立了一个有名的图书馆。博学多才的馆长埃拉托斯特尼，精通数学、天文、地理，计算出地球的圆周是 46250 千米左右，画了一张有 7 条经线和 6 条纬线的世界地图。以后逐渐完善，终于完成了这种有经线也有纬线的地理坐标系统，给咱们的老地球穿上了一件整整齐齐的"格子衬衫"。

在纬度系统中，以赤道为基准，北边是北纬，南边是南纬，分别用"N"和"S"表示，把地球平分为北半球和南半球。

以北半球来说吧，随着距离北极越来越近，纬度也越来越高。其中除了零度的赤道，最重要的纬圈有北回归线（23° 26' N）、北极圈（66° 34' N）。

经线又叫子午线。在经度系统中，以通过伦敦格林尼治天文台的子午线为基准，叫作本初子午线，把地球平分为东半球和西半球。东边是东经，西边是

17世纪的英国格林尼治皇家天文台（文化传播/FOTOE）

西经，各有180°，分别用"E"和"W"表示。

现在我们来说一说，测量经纬度的方法吧。

确定一个地方的纬度很容易，只消观测当地北极星仰角的度数，就是那里的纬度了。例如在北京测量北极星的仰角是40°，这里就位于北纬40°。请你自己测量一下当地北极星的仰角，就知道本地的纬度了。

测量经度麻烦得多，需要计算当地和本初子午线之间的时差。

请别小看了这个问题。由于经度测量不准确，发生了许多不幸的事件。

1707年，一支英国舰队就是由于经度位置判断失误，导致一些舰只触礁沉没，损失了4艘军舰、2000多名士兵。事后英国政府进行调查，悬赏两万英镑，征求测量经度的精确方法，可见这多么重要。

因为测量经度需要计算时差，这就要有精度很高的"标准钟"才成。为了

台湾花莲北回归线标志塔（黄旭／FOTOE）

解决这个难题，英国约克郡有一个叫哈里森的钟表匠，用了 42 年的漫长时间，制造了 5 台航海时钟，一台比一台的精确度更高，才终于完成了这个任务。

话说到最后，让我们说一说所谓神秘的"北纬 30°之谜"吧。一些人出于无知，或者故意制造混乱，硬把包括埃及金字塔之谜、狮身人面像之谜、百慕大三角之谜、中国四川自贡大批恐龙灭绝之谜、钱塘潮、珠穆朗玛峰，以及埃及尼罗河、伊拉克幼发拉底河、中国长江、美国密西西比河等大河，都在北纬30°附近入海，等等，许多风马牛不相及的现象硬扯在一起，编造什么北纬30°的神话大肆宣扬，欺骗广大群众。其实北纬30°只是一条普通的纬度，没有任何神秘。这是彻头彻尾的伪科学，必须严肃批判。

清宫西洋科学仪器：铜测高弧象限仪（张庆民/FOTOE）

小卡片

中国的"四极"

我国最北端在漠河县境内的黑龙江主航道中心线；最南端在曾母暗沙；最东端在黑龙江和乌苏里江交汇处；最西端在帕米尔高原。南北跨纬度约50°，东西跨经度约62°。

中国最北点标志，黑龙江漠河（杨兴斌／FOTOE）

作业本

测量本地纬度

我们已经说过了，只需测量出本地北极星仰角的度数，就是这儿的纬度。

北京、上海等许多大城市的纬度已经清清楚楚，可是许许多多偏远的地方，却很少有人测量过。

别人没有观测，我们自己来干吧！

孩子们，请你们自己动手试一试吧。在科学课和地理课老师的指导下，测量出你们那儿的纬度，该是多么有意义呀！

第十一章
地球的"外套"

天冷了，要加衣服了，脱下薄薄的 T 恤衫，加一件外套吧。

我们都有外套，天气凉爽的时候就穿出来。

信不信由你，地球也有一件"外套"呢。

我们的外套五颜六色，长的短的，样式各不相同，显示出独特、鲜明的个性。

地球的"外套"和我们的外套都不同，是一件很大、很大的特殊"外套"。

说它很特殊，因为它和普通的外套不一样，不讲究花色和样式，也不跟风追求时髦，甚至没有袖子和衣领，也没有通常的扣子和拉链。这样的"外套"，什么商场都没有卖的，没有地方可以买到。

说它特殊，还因为不分春夏秋冬，地球总是套在身上不脱下来。

说它很大，那可比一般的外套大得多。不是仅仅遮住胸膛和肚皮，露出脑袋和两条腿，而是把整个地球包裹得严严实实的，不留一丁点儿缝隙。

请注意，我说的是没有一丁点儿缝隙，简直就是一个密封的大套子。

哎呀！这么大的地球，腰身有四万多千米，什么大胖子也比不了。做一件这样的"外套"得用多少材料，多少裁缝师傅加班加点缝制呀！

这件"外套"与众不同。不是棉的、丝的、绸的、呢的、绒的，也不是尼龙，或者各种各样花样翻新的化纤品，压根儿就不用针线。

更加奇妙的是这件"外套"看不见、摸不着，绝对不是一针一线缝制的，不是任何裁缝店和工厂的产品。

噢，这可奇怪了。到底是什么"外套"呀？难道这会是《国王的新衣》里，那个爱慕虚荣的国王穿的透明空气袍子不成？

说对了！包裹着地球的，就是一件看不见的空气外套。虽然看不见、摸不着，一片空荡荡，却是实实在在的，不是骗子用来欺骗那个傻瓜国王的玩意儿。原来是包裹在地球外面的大气圈，本身就是一团空气呀！

嘿嘿，空气、空气，就是空的气嘛。空空的气，怎么会是实在的？

告诉你吧，空气也是有质量的。有质量，就实在。地球的大气圈并不是绝对真空，而是一种实实在在的"东西"。

它是生命的安全罩。

为什么这样说？

因为它含有生命需要的氧气。有了氧气，我们才能呼吸，在世界上生存下去。如果人们没有氧气，就像鱼儿没有水，能够活命吗？

它是了不起的"防弹衣"。

为什么这样说？

海南省白沙直径为 3.7 千米的陨石撞击坑（董力男 / FOTOE）

因为地球得要依靠它，才能保护自己呀！

地球刚刚诞生的时候，光裸着身子，好像月球一样，周围没有一丁点儿空气，没有一件防护"外套"，不能保护自己。在太空里，地球成为可怜巴巴的活靶子，被大大小小的陨星和陨石随意冲撞，打得体无完肤。至今还能找到一些古老的陨石坑，作为地球曾经受到冲击的证明。

这样可不成呀！得要有一件铠甲保护它才好。如果没有坚硬的铠甲和头盔，有一件厚实的"外套"抵挡一下也成。

地球的大气层，就是这么一件"防弹衣"。有了这个大气"外套"，就能防备外来的袭击了。一些小陨石进入大气层摩擦燃烧，变成一颗拖着光亮尾巴的流星，很快就烧毁了，压根儿就不能到达地面。极少数大陨石即使能够坠落下来，也被磨损得差不多了，不能给地球造成太大的伤害。

明白了这一点，就知道这个看不见的"空气外套"多么珍贵了。

地球的"外套"可不是一下子就有的，而是经过了一段漫长的过程，换了好几副面貌。

爱美的人们喜新厌旧，常常换新衣服。如果天天老是穿一件，自己也觉得腻味。地球也是一样的，前后换了三件"外套"。信不信由你，这几件"外套"各自都有特殊的来历，是不同的品牌呢！

地球的第一件"外套"是"宇宙牌"。

一听这个品牌的名字，就知道这是从宇宙太空来的了。

这是怎么来的？

抢来的呀！

说"抢"，不如说吸引。个儿够大的地球，依靠本身的引力，能从外部太空中吸引一些游离的气体分子，逐渐积少成多，生成了最早的原始大气圈。这些气体非常稀薄，根本就不能和现在的大气层相比，虽然不能孕育生命，却像是一件可靠的防弹衣，可以防备外部物体撞击。有了这件"空气外套"的保护，地球才能慢慢谱写往后的故事，比近旁的月球幸运得多了。

在这个最早的原始大气圈里，主要的成分是氢，还有一些氦、甲烷和一些惰性气体，完全没有维持我们生存最必需的氧。如果让我们停留在这种恶劣的原始大气中，立刻就会窒息死亡，连一分钟也活不成。

话又说回来，在这种大气中，也根本不能孕育出哪怕是最原始的生命，更加谈不上万物之灵的人类了。

请别小看了这个原始大气圈，虽然空空荡荡的非常稀薄，似乎什么也没有，却实实在在存在着。虽然不是坚硬的铁甲，却是一件妙不可言的护身软甲。有了它，就能基本防备外来袭击，至少也能抵挡许许多多体积不大的陨石冲撞了，大大增添了地球的安全系数。柔能克刚这句话，在这里得到了最好的诠释。

这个原始大气圈可不是一下子就生成的，不知经过了多少岁月，地球才从近于真空的太空里吸引过来这些气体。"万事开头难"这句话，也适用于地球原始大气圈的形成。

地球的第二件"外套"是"火山牌"。

一听这个名字，就知道这和它自身的火山活动有关。

地球生成后不久，在巨大的地下岩浆作用的带动下，开始八方出窍、四面

山西大同火山群（梁铭／FOTOE）

冒烟，好像是一个漏气的皮球，火山活动十分激烈。一次次火山喷发，喷出大量气体，给原始大气圈增添了新的成分。

可别小看了这些地下冒出来的气体。虽然一次火山喷发冒气不多，可是经过漫长的地质时代，大量冒出的地下气体就使大气圈的成分发生了根本的变化。二氧化碳、一氧化碳、甲烷和氨，逐渐代替了原来的氢和氦，成为主要的成分，给生命出现带来了希望。

这样的气体真的就是希望，可以带来高级生物吗？我们可以呼吸吗？

不，这还是毒气，谁也别想在这样的空气中生存下来。

话说回来了，那时候压根儿就没有生命，也就谈不上什么呼吸不呼吸的问题。

在这一团混混沌沌的"火山牌"的空气里，有一个值得注意的成分，那就是奇妙的甲烷。甲烷是生成复杂的碳水化合物的重要原料。有了它，地球上的

黑龙江伊春原始森林（金继敏／FOTOE）

生命开始慢慢萌芽了，打破了死气沉沉的景象。不消说，最初出现的生物和现在完全不一样，不用呼吸氧气也能勉强生存。甲烷就是最好的催生剂，渐渐孕育出最早的生命。

不管什么生命，甭管低级不低级。只要出现了生命就好，就能慢慢演化，从无到有，朝着丰富多彩的世界发展了。

地球的第三件"外套"是"绿色植物牌"。

随着地球上的生命一步步演化，从低级到高级慢慢发展，绿色植物出现了。绿色植物进行光合作用，吸进二氧化碳，源源不绝吐出大量的氧气，给大气输入了最重要的新成分。

在这个新"空气外套"里，氧却不是最主要的成分。最多的是氮，大约占78%。其次才是氧，大约占21%。剩下的还有氩、二氧化碳、臭氧、水汽等微量成分。此外还悬浮着水蒸气、冰晶、尘埃等液体、固体微粒，成分可复杂了。一团团水蒸气聚集在一起，生成了空中的白云。

地球的这件"空气外套"很厚，从下到上不一样，分为对流层、平流层、中间层、电离层、外逸层。还有特殊的臭氧层。再往外面，就是广阔的宇宙空间了。

大气的密度随着高度的升高逐渐减小，大约30%的大气质量集中在3千米以下的大气层里。

对流层的厚度在不同的纬度不一样，一般只有十多千米，低纬度地区最厚，大约17千米。随着纬度越来越高，对流层也越来越薄，在高纬度地区只有八九千米。

云、雾、雨、雪、雷电等天气现象，都发生在这一层内，和我们的生活最密切。

平流层里的水蒸气和尘埃很少，空气流动非常平稳，没有复杂的天气现象。为了避免变化无常的天气影响，一般大型民航飞机都飞行在平流层内，也就舒适安全得多了。

在平流层里，30千米以下还有一个同温层，气温总是在 −55℃ 左右，没有太大变化。

平流层上面是空气非常稀薄的中间层。再往上是特殊的电离层，能够吸收太阳辐射的紫外线，所以温度升高得很快，又叫作暖层。最外面是空气更加稀薄的外逸层，散布着一些带电粒子，很容易散失在地球外部空间。美丽的极光和流星现象，主要就发生在电离层内。大气圈没有清楚的上界，在离地表几千、上万千米的高空，还有稀稀拉拉的气体和基本粒子呢。

信不信由你，地球外面也有类似土星环一样的玩意儿。

1964 年，苏联一颗卫星上探测陨石粒子的仪器发现在地球周围上空，有一些稠密的尘埃。后来人们进一步研究这个现象，居然在离地球大约 23.5 万千米～40 万千米的高空，发现了好几个尘埃环，好像土星光环似的，沿着稳定的轨道，围绕着地球像走马灯一样旋转。可惜这些尘埃环太稀薄了，要不，我们除了瞧见太阳、月亮，还可以看见这些横亘在天空的光环美景呢。

平流层景象（熊一军 /FOTOE）

说完了大气圈的结构，让我们回过头来，再说其中最最重要的氧气吧。绿色植物制造的氧气越来越多，使大气圈迅速改变，地球上的生命体才一步步从低等生物进化到高等生物，逐渐发展成生机勃勃的大千世界，最后出现了万物之灵的人类。

喔，原来我们的生命是绿色植物的特别赏赐，是奇妙的光合作用进行的结果呀！

我们都喜欢空气清新的地方，一些旅行社常常打出到森林、海边、茫茫大草原上去"吸氧"的广告。新鲜空气能使我们精神振奋，保持清醒的头脑和健康的身体，这都是绿色植物光合作用的结果。

感谢可爱的绿色植物，感谢伟大的光合作用。没有绿色植物的光合作用，哪有适合人类生存的新鲜空气，哪有我们的今天。

地球还有第四件"外套"吗？

有啊！这件"外套"正在编织。

这是什么新"外套"？

这是人们自己制造的"人类牌"大气圈。

这件新"外套"好吗？

唉，别说啦，说起就气破了肚皮。人啊人，枉自聪明一世，糊涂一时，自己给自己下毒药，似乎活得不耐烦，巴不得一下子集体自杀似的。

为什么说起这件新"外套"就感到绝望，忍不住唉声叹气？

因为这不是一件好"外套"，实在太糟糕了。

瞧瞧愚蠢的人类是怎么干的吧：

他们不管三七二十一，抢起斧头就砍树。

为了增加粮食，扩大耕地，砍树。

为了盖工厂，砍树。

为了修路，砍树。

甚至为了修建高级别墅、打高尔夫球，只是为少数人享受，也肆无忌惮地砍树。

你砍树、我砍树，不管三七二十一拿着大斧头乱砍树，好像在进行一场热火朝天的砍树比赛。砍倒一排排绿色的大树，砍光密密的森林，把大地变得光秃秃的，把好好的环境破坏得一塌糊涂。

要知道，绿色的树木就是制造氧气的"活机器"呀！没有广阔的森林，就没有活命的氧气源源不断输送进大气圈。我们赖以活命的新鲜氧气一天天减少。到了把最后一棵树砍倒的时候，人们把空气中储存的氧气吸光之后，就只好集体窒息死亡了。

只是这样还不够，他们还竖立起许许多多烟囱，无休无止冒出滚滚浓烟。难看得要命的黑烟，甚至黄的、红的有毒气体，把洁净的"空气外套"弄得乌烟瘴气。过去有的人十分简单幼稚地理解工业化和现代化，把如林一样密密排

1959 年，辽宁抚顺工业区（茹遂初 / FOTOE）

列的烟囱，当成是最好的"美景"，甚至幻想把整个城市烟囱化，以为那才是现代化的大都市。这简直就是低能的白痴。

就以北京来说吧，原本秋高气爽的黄金十月，多么可爱的蓝天白云，被人造的肮脏气体弄得一团糟了，逼得人出门就戴上口罩，只差戴防毒面具了。从前我在北京大学读书，住在景山东街，一抬步就是北京中轴线上的景山。站在高高的景山顶上，俯瞰脚下的故宫，一派金碧辉煌。越过层层叠叠的宫殿，还能清晰地看得更远更远，是北京最壮丽的风光。想不到现在空气污染越来越严重，时不时雾霾重重，爬上景山想再拍一张故宫全貌的照片，也难以重现昔日的辉煌。雾霾！雾霾！讨厌的人造雾霾，不仅伤害了北京，也已经成为一个全球的公害。

愚蠢的人们似乎觉得这还不够，还使出种种减寿办法，变本加厉地破坏我们赖以生存的大气圈，似乎不把人们折腾死就不会罢手。

就以家家户户的冰箱来说吧，如果没有经过安全改造，就会源源不断把破坏臭氧层的氟送上天。臭氧层很薄很薄，是抵御紫外线的盾牌，如果臭氧层被破坏，过多的紫外线照射皮肤，容易引起皮肤癌。在南极大陆上空臭氧层已经被撕开了一个大窟窿，如果再不停被撕碎，大家就等着得可怕的皮肤癌吧。

还有地球上无休无止的大大小小的战争，一颗接一颗爆炸的炮弹，甚至灭绝人性的毒气弹。哪一次爆炸，不给咱们这个可怜的大气圈增添一些儿毒素？让整个人类和其他生物距离集体死亡更近一步。尽管这看起来似乎微乎其微，却一步步破坏我们的生存环境。

如今我们十分注意保重身体，计较有害物质对健康的影响。不喝隔夜茶、不吃隔夜菜，拒绝过期的食品，拒绝添加哪怕一丁点儿不良成分，动不动就退货、起诉、报警。其实这些东西不买、不吃就拉倒，还用不着谈虎色变斤斤计较。可是人们却很少想到，我们整个人类，以及其他许许多多的生物，全都生活在

2004 年，北京，从景山上俯瞰故宫（王远/FOTOE）

环境治理成效显著，蓝天白云映衬下的广州珠江两岸（黎明／FOTOE）

一个十分脆弱的大气圈的保护中。一旦这个唯一的"空气外套"被污染了，我们还能生存下去吗？与商场打官司，抗议出售过期食品是小事，认真行动起来，保护岌岌可危的大气圈，才是最最重要的头等大事。

请牢牢记住，绿色植物好不容易造的第三代"空气外套"，不能就这样被人类弄得一塌糊涂，否则人类自己也要窒息了。太空中没有急救中心，等到全体窒息的那一天到来，要喊叫救命，也没有谁能拯救人类了。

人们啊，赶快停止愚蠢的行动吧！要知道，我们像生活在小水潭里的鱼儿一样，潭里的水干涸了，鱼就会死掉。地球的"空气外套"，不过像是一层浅浅的水皮，如果把空气弄得乌烟瘴气的，人类自己还能生存吗？

人们要警惕啊！别把大气圈变成消灭自己的毒气室。

这可不是开玩笑的，简直就像关着门窗、打开煤气自己毒害自己一样严重。如果现在还不注意，等到最后把大气圈弄得一塌糊涂，要改变也来不及了。我们拒绝自杀，请爱护地球的"空气外套"，保护洁净的天空吧！

保护大气圈

为什么保护大气圈很重要？

我们应该怎么保护大气圈？

 **小卡片**

地球的圈层

地球有几个圈层？

除了大气圈这个"空气外套"，还有坚硬的岩石圈，空中的云雾雨雪、地上的江河湖海、地下的泉水和暗河组成的水圈，以及包括我们人类的各种各样的生物组成的生物圈，好几个圈层呢。

地球和别的行星兄弟相同的是都有岩石圈这样的硬壳，不同的是地球有适宜生命成长的大气圈，具有液态、流体和固体各种形态，储量丰富的水圈，以及欣欣向荣的生物圈。

第二篇

咕噜噜转的地球

纽约世博会标志（夏至／FOTOE）

咕噜噜、咕噜噜，圆溜溜的地球咕噜噜转。跳舞一样咕噜噜转，围绕着太阳公公咕噜噜转。

转呀转、转呀转，转出了白天和黑夜，转出了一天、一月和一年。

第十二章
古代的观象授时

圆溜溜的球儿是不安静的精灵，不是遍地乱滚，就是在咕噜噜转，一刻也不停息。

篮球、排球、足球喜欢蹦蹦跳，小小的乒乓球也飞来飞去，不肯老老实实休息。

唉，球就是球，这就是天下所有的球儿的特性，和四四方方的石块、砖块、木头块喜欢规规矩矩待着不动不一样。要不，怎么叫作球呢？

地球这个球也是一样的。不同的是，地球不是被踢着、打着、抛着动起来，而是自己在太空里静悄悄旋转。

地球旋转非常复杂。有围绕着太阳的公转，也有像芭蕾舞明星似的，自己不停旋转。说得具体些，就是边自转着，又边在公转，表演着一幕非常复杂的圆舞曲。

地球公转，形成了一年年和一个个季节，地球自转形成了一天天。

有了"年"和"日"，还有"月"呢？

那是月球围绕地球旋转的结果。

太阳、地球、月球，祖孙三代同堂，一起表演一出太空舞，多么神秘、多么壮观。咱们在前面讲了地球本身的一些基本情况，现在就换一个话题，开始讲运动的地球吧。

要知道，甭管地球公转还是自转，所有这一切，都引出了时间的计量问题。

较长时间的计量是历法，也就是年、月、日的排序，影响了我们的生活，以及许许多多生产活动，不能不好好研究研究。

较短时间的计量是时、分、秒。人们不是常常说"准时准点""争分夺秒"

这些话吗？和我们的关系也非常密切呢。

现在我们要说的，和前面讲的地球基本性质不同，集中在一点，就是时间的观测和计量的问题。

先从哪儿说起呢？

就从我们的老祖宗怎么认识这些时间现象，慢慢一步步往下说吧。

时间现象非常普遍。尽管包括人类最早的祖先在内，所有的生物都自觉、不自觉感受到季节和时间的影响，但是也不必拉扯到遥远的猿人时期，就从新石器时代说起吧。

八九千年前的新石器时代，逐渐出现了原始农业。种庄稼靠天吃饭，就不得不关心季节和时间的变化，注意到生产和天象、物象的关系了。

这就引出了古人说的"观象授时"的问题。

其中，"时"是季节，"授时"就是定季节。

说得简单些，就是观察身边的天空景象、鸟兽活动，发现时间的规律性，划分出不同的季节和年、月、日等时间单位。

古老的观象授时可以从观察的对象，分为地象授时和天象授时两种。

地象授时最原始，最先被人们发现。

那时候，我们的祖先瞧见身边的一些自然现象，联系农业生产活动，逐渐摸索出了一些规律。例如人们听见杜鹃鸟"布谷、布谷"地叫，就以为那是通灵的鸟儿提醒大家，得要布谷、插秧了，可别误了农时。传说古蜀国有一个叫杜宇的国王，号望帝，教会人们耕种，死后变成一只杜鹃鸟。唐代诗人李商隐有一句诗，"望帝春心托杜鹃"，就是说的这件事。杜鹃鸟当然没有那么高的智商，能够提醒人们种庄稼。只不过是人们把同时间的一些现象串联起来，所产生的联想而已。

地象授时虽然也有一些道理，可是草木更替、鸟兽活动只有大致的时段，没有确切的时间，所以这个方法不是太可靠。

再进一步是天象授时。

这是根据日月星辰的运行规律、各种各样有规律的天象进行授时，比地象授时准确得多。

根据不同的观察对象，天象授时又可以分为好几种。

第一种是斗柄授时。

这是以北斗七星的尾巴指示的方向，用来划分季节的。战国时期有一本《鹖冠子》记述说：

"斗柄东指，天下皆春；

斗柄南指，天下皆夏；

斗柄西指，天下皆秋；

斗柄北指，天下皆冬。"

瞧，他注意到北斗七星，也就是大熊星座的尾巴，在空中转来转去，就可以大致定出季节了。虽然不是太准确，但是也反映出一定的规律呀！

第二种是中星授时。

子规（即杜鹃鸟），选自清雍正时期绘本《百花鸟图》（余曾三／FOTOE）

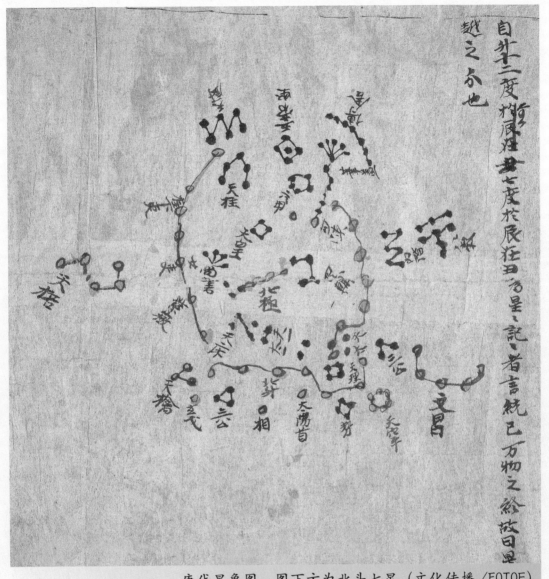

唐代星象图，图下方为北斗七星（文化传播/FOTOE）

　　这是以黄昏时候，在头顶的中天出现什么星星，来确定不同的季节。

　　前面我们说过的《礼记·月令》这本书里，所说的"孟春之月，昏参中"这句话，就是最好的例子。意思是黄昏的时候，参宿也就是猎户座，正好在本地的子午线中间，春天就开始了。书中列出了不同季节的黄昏在头顶出现的星辰，定出不同的季节。这比观察北斗七星的尾巴甩来甩去，所划分的季节要准确得多。

圭表，陈列于南京紫金山天文台（张庆民／FOTOE）

第三种是月相授时。

这是以月亮的盈亏圆缺，确定不同的时间。

一个月里从朔到望，又到朔的变化，大致有 29 天多，有明显的规律性，最容易引起人们注意。出土的八九千年前新石器时代的陶器上，就有了弯月形的花纹，证明当时的人们已经注意到这个现象。

殷墟出土的三千多年前的商代甲骨文中，"月"字已经定型为一个弯弯的月牙儿，好像是农历初二、初三的新月。很可能当时就是以这个时候，作为一个月的开始。那时候已经把一个月分为 30 天的"大月"和 29 天的"小月"，对月相观察得非常仔细了。

第四种是日影授时。

这是用"立竿见影"的办法，在平地上竖立起一根柱子，观察太阳影子长短的变化，确定不同的季节。其中，夏季有一天的太阳影子最短，冬季有一天最长，叫作"日至"。又分"日南至"和"日北至"，这就是夏至和冬至了。

殷墟出土的甲骨文中就有"日至"的记载，表明当时已经使用了这种方法，测定出夏至和冬至。

春秋以来，这种观测方法越来越进步，用铜和石头制作柱子，叫作"表"，上面平放一个尺子叫作"圭"，合起来就叫作"圭表"，作为测量日影长度的一种仪器，是最古老的计时器之一。南京紫金山天文台里，保存着一个制作精美的明代圭表。江苏还曾经出土一个东汉时期的铜质圭表，全长只有34.5厘米，携带非常方便，证明当时已经普遍使用这种方法，观察季节和时间的变化了。

古人掌握了各种各样观象授时的方法，对时间研究跨出了一大步。接下来，就是进一步划分季节、制定历法，以及时间的细分，建立时、分、秒的体系等等问题了。

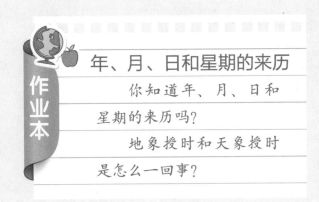

作业本

年、月、日和星期的来历

你知道年、月、日和星期的来历吗？

地象授时和天象授时是怎么一回事？

华 表

庄严的天安门前，耸立着两个华表。许多古代宫殿和陵墓等建筑前面，也有同样的华表。

这些华表是做什么用的？

仅仅是华丽的装饰品吗？

不，华表又叫桓木、表木，是一种在古代建筑物中用作纪念、标识的立柱。华表起源于古代的一种立木，相传在我国尧、舜时代，人们就在交通要道竖立木柱，作为行路时识别方向的标志，这就是华表的雏形。除了在天安门以外，在明十三陵、清东陵、清西陵以及卢沟桥等处我们也可以见到华表。那么为什么华表要矗立于宫殿、陵墓、桥梁等处？华表究竟在这些建筑物中起着什么作用？至今尚有不同看法。

北京天安门广场华表（孙中国/FOTOE）

元代龙泉窑青瓷骑犼观音（聂鸣／FOTOE）

一种意见认为，华表起源于远古时代部落的图腾标志。华表顶端有一坐兽，似犬非犬，它叫作"犼"，民间传说这种怪兽性好望。远古时的人们都将本民族崇拜的图腾标志雕刻其上，对它视如神明，顶礼膜拜，华表柱顶的雕饰也因各部落图腾的标志不同而各异，历史进入封建社会，图腾的标志渐渐在人们心中印象淡薄，华表上雕饰的动物也变成了人们喜爱的吉祥物。如唐朝诗人杜甫有"天寒白鹤归华表，日落青龙见水中"的诗句，其意就是说华表的校顶上雕饰的是白鹤。观宋代名画《清明上河图》，华表上确实雕饰有白鹤。据传这是因为一个名叫丁令威的人，学道成仙，化鹤归来，立于华表上作歌，故人们后来将白鹤雕刻于华表柱子上，以示纪念。

另一种意见认为，华表上古名"谤木"，相传尧、舜为了纳谏，在交通要道和朝堂上树立木柱，让人在上面书写谏言，也就是鼓励人们提意见。

刘兴诗爷爷讲地球

地球的故事

105

北京明十三陵华表、碑亭（严向群／FOTOE）

晋代崔豹在《古今注·问答释义》中说："程雅问曰：'尧设诽谤之木，何也？'答曰：'今华表木也。以横木交柱头，状若花也，形似桔槔，大路交衢悉施焉。或谓之表木，以表工者纳谏也，亦以表识衢路也。'"崔豹所言华表木的形状与现存的天安门前的华表大致相同。只是华表的"谤木"作用早已消失，上面不再刻谏言，而为象征皇权的云龙纹所代替，成为皇家建筑的一种特殊标志。

也有人认为，华表是由"木铎"演变而来。"木铎"是一种中间细腰，腰上插有手柄的乐器，商周时，代天子征求百姓意见的官员们奔走于全国各地，敲击木铎以引起人们注意。后来，天子不再派人出去征求意见，而是等人找上门来，将这种大型的木铎矗立于王宫之前，经过演变，就成了华表。

还有人认为，华表原是古代观天测地的一种仪器，春秋战国时期有一种观察天文的仪器为表，人们立木为竿，以日影长度测定方位、节气，并以此来测恒星，可观测恒星年的周期，古代在建筑施工前，还以此法定位取正。一些大型建筑因施工期较长，立表必须长期留存，为了坚固起见，常改立木为石柱。一旦工程完成，石柱也就成了这些建筑物的附属部分，作为一种形制而保留下来，每每成为宫殿、陵墓等重要建筑物的标志。

后世华表多经雕饰美化，表柱有圆形、八角形，雕有螭龙云纹，柱头有云板，柱顶置承露盘，华表的实用价值逐渐丧失，而成为一种艺术性很强的装饰品。

第十三章

季节的变化

英国诗人雪莱吟唱道："冬天来了，春天还会远吗？"

是呀！随着季节变化，冬去春来是自然的现象。

季节是怎么变化的？

《易经》说："天地革而四时成。"

这话说的是，随着天地变化而形成了一年四季。

孔子也说："天何言哉？四时行焉，百物生焉，天何言哉？"

这话说的是：天说过什么呀？四季总在运行，百物总在生长，天说过什么吗？

是呀！季节就是随着天地变化而变化的。

这是地球围绕着太阳公转的结果。

地球的运动很复杂，不仅有一天 24 小时的自转，还有一年 365 天或 366 天的公转。自转形成了日夜交替，公转就形成了季节变化。

这是为什么？

因为地球在一年内距离太阳的远近不同，得到的热量不一样，就有了不同季节的变化，产生了春夏秋冬不同的季节。

为什么会是这样？

孩子们从幼儿园开始，就知道太阳公公非常公平，是大公无私的象征。他总是用同样发烫的嘴唇，亲吻每个小朋友的脸蛋儿，怎么会给不同季节不同的热量，难道太阳公公还偏心眼不成？

再说了，如果太阳在圆心的位置上，地球顺着圆溜溜的轨道运动，不管在什么位置，和太阳的距离必定完全相等。难道地球围绕太阳旋转的轨道不是圆的不成?

你猜对了! 地球围绕太阳旋转的轨道是椭圆形, 压根儿就不是圆的。有的地方距离太阳近, 有的地方远。近日点和远日点的日地距离之比, 大约是 97 : 100, 不同位置得到的热量当然不均匀。

再加上地球自转也不是端端正正的, 并不是挺直着身子围绕太阳旋转。由于它的自转轴偏斜, 自身的赤道平面和环绕太阳公转的轨道平面与天球相交的大圆, 也就是和黄道的交角有 23° 26'。所以一年之内的太阳直射点, 就在北纬 23° 26' 左右的北回归线、南纬 23° 26' 左右的南回归线之间移动。当太阳直射北回归线的时候, 北半球是夏天, 南半球是冬天; 反之, 当太阳直射南回归线的时候, 北半球是冬天, 南半球就是夏天了, 南北半球的季节完全相反。

这样有什么结果?

一个结果是随着太阳直射点的转移, 产生了不同的气候带。南、北极圈以

内蒙古呼伦贝尔草原雪景（刘朔／FOTOE）

西沙群岛海滨风光（刘远／FOTOE）

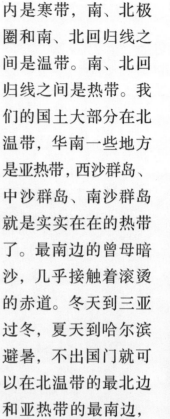

内是寒带，南、北极圈和南、北回归线之间是温带。南、北回归线之间是热带。我们的国土大部分在北温带，华南一些地方是亚热带，西沙群岛、中沙群岛、南沙群岛就是实实在在的热带了。最南边的曾母暗沙，几乎接触着滚烫的赤道。冬天到三亚过冬，夏天到哈尔滨避暑，不出国门就可以在北温带的最北边和亚热带的最南边，像候鸟一样飞来飞去。现在又开放了西沙群岛旅游，一下子就可以飞进暖洋洋的热带，看美丽的海底珊瑚花园。我们的生活多么幸福，国土和领海多么辽阔广大呀！

另外一个结果是产生了春夏秋冬不同的季节。

随着太阳直射点移动，昼夜长度、太阳高度不断变化，就形成了不同的季节。夏季是一年内白昼最长、太阳高度最高的季节。冬季是一年内白昼最短、太阳高度最低的季节。春季和秋季是夏季、冬季之间的过渡季节。

古时候的人们就发现了季节现象。我们的老祖宗为了农业生产和生活的需要，早就划分出不同的季节。

在遥远的殷商和西周时期，就根据黄昏时分不同星辰升上中天的情况，划分了春夏秋冬四季。不同季节又进一步以"孟、仲、季"，三分为"三春""三夏""三秋"和"三冬"。分别从正月，也就是农历年初的一月到年底的十二月。

例如"三春"就是孟春、仲春、季春。孟春是正月。《礼记·月令》中曾说"孟春之月，昏参中"，意思是黄昏的时候，参宿升上南方天空的正中央，春天就来了。人们告诫说"三春的鸟儿打不得"，就是说这个时候刚刚生下来的雏鸟，应该特别保护。又有一句话说"水过三秋了"，说的是一年已经过了大半年，过去的事情早就不存在啦。

在《礼记·月令》这本书里，不仅指明了不同月份和天文现象有什么关联，每个月从什么时候开始，还指示了不同季节有什么天气现象，该穿什么衣服，进行什么农业活动。可见两千多年前，我们的老祖宗已经对天文、气候到季节划分，不同季节的日常生活和农业生产的关系，有非常深刻的认识了。

春夏秋冬四季到底怎么划分？

中国古代的传统观念，四季是这样划分的：

春季以立春为起点，春分在中央。

夏季以立夏为起点，夏至在中央。

秋季以立秋为起点，秋分在中央。

清末年画《二十四节气图》（局部）（公元传播/FOTOE）

冬季以立冬为起点，冬至在中央。

其中，立春、立夏、立秋、立冬，表示春夏秋冬四个季节立刻就开始。夏至又叫"日北至"，太阳直射北回归线，冬至又叫"日南至"，太阳直射南回归线，表示太阳的南北转移。春分、秋分太阳直射赤道，正午的太阳与赤道角度是90°，当时的昼夜相等。

中国古代划分季节时非常注意和农业生产的关系。在四季的基础上，再进一步研究。到了两千多年前的西汉时期，在黄河流域又完成了二十四节气的详细划分。

这二十四节气中，最重要的是"两至""两分"和"四立"。

"两至"包括又叫"日北至"的夏至、又叫"日南至"的冬至，表示太阳的南北转移。"两分"包括春分、秋分，当时昼夜相等。"四立"就是立春、立夏、立秋、立冬，表示春夏秋冬四个季节立刻就开始。

此外，还有以下十六个节气，分别是：

雨水：表示降雨开始，雨量逐渐增加。

惊蛰：这时候开始打雷，一天天暖和了，冬眠的动物也开始活动。

谷雨时节的洛阳牡丹（董力男 /FOTOE）

清明：这时候天气晴朗，万物滋生。

谷雨：雨水越来越多，谷物茁壮生长。

小满：包括小麦等夏熟作物的颗粒开始饱满，但是还没有成熟。

芒种：麦类等有芒作物成熟，晚季作物开始抢种了。

小暑：天气热了。

大暑：天气更热了，一年中最热的时候。

处暑：暑天结束，气温开始下降。

白露：气温不断下降，开始有露水了。

寒露：天冷了，露水很凉。

霜降：开始下霜了。

小雪：开始下雪了。

大雪：雪越来越大。

小寒：天气很冷了。

大寒：天气更冷了。

节气是怎么一回事？说的是一个月内，含有两个"气"。前面一个叫"节气"，后面一个叫"中气"。按照顺序排列如下：

正月节，立春；正月中，雨水；二月节，惊蛰；二月中，春分；三月节，清明；三月中，谷雨；四月节，立夏；四月中，小满；五月节，芒种；五月中，夏至；六月节，小暑；

北京护城河旁的二十四节气柱（樊甲山／FOTOE）

六月中，大暑；七月节，立秋；七月中，处暑；八月节，白露；八月中，秋分；九月节，寒露；九月中，霜降；十月节，立冬；十月中，小雪；十一月节，大雪；十一月中，冬至；十二月节，小寒；十二月中，大寒。

二十四节气不好记吗？有一首《节气歌》唱道："春雨惊春清谷天，夏满芒夏暑相连，秋处露秋寒霜降，冬雪雪冬小大寒。每月两节不会变，最多相差一两天，上半年来六、廿一，下半年是八、廿三。"这里说的日子，统统是农历，可要记住啦。

呵呵，讲地球，怎么扯到气候来了，是不是有些风马牛不相及？

哦，怎么没有关系呢？尽管这都是气候方面的内容，可是严格说起来，也和地球环绕太阳的公转有关系呀！

说了这半天，大家明白了。我国传统的四季划分方法，是以二十四节气中的四立作为四季的始点，以二分和二至作为中点的。如春季以立春为起始点，太阳黄经为315°，春分为中点，立夏为终点，太阳黄经变为45°，太阳在黄道

内蒙古赤峰市乌兰布统秋景（刘朔/FOTOE）

上运行了 90°。这是一种传统的、常见的方法。

西方的春夏秋冬，却是以"两分""两至"，也就是春分、夏至、秋分、冬至为起点，更加注意天文学，也就是气候的意义。这和我国古代的传统划分方法有些不一样，春夏秋冬分别迟了一个半月，得要弄清楚才成。

还有一种简便的季节分类方法，干脆把公历的 3、4、5 月作为春季，6、7、8 月作为夏季，9、10、11 月作为秋季，12、1、2 月作为冬季，在北半球四季分明的温带地区也可以运用。

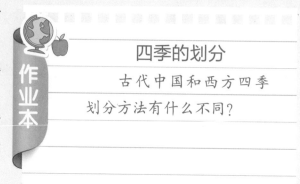

四季的划分

古代中国和西方四季划分方法有什么不同？

霜降时节，济南红叶谷风景区（阎建华／FOTOE）

小知识

气象学家的"季节"

季节划分还有不同的方法。

按照天文学的定义，同一个季节，在不同的纬度地方同时开始。可是从气候学的观点，就必须用气候本身的标准来划分季节。

气象学是怎么划分季节的？

就是把连续5天作为一个"候"。用每个"候"的平均气温为标准，平均气温大于22℃的是夏季，小于10℃的是冬季。在10℃～22℃之间的，就是春季和秋季了。

呵呵，这一来，不同地方的季节，跟着当地每个"候"的不同平均气温变化。这可很不规律，有些说不清了。

没关系，这是气象学家的事情，他们进行科学研究这样办，咱们还是按照通常的老办法吧。

安徽省黄山市黟县宏村夏景（左冬辰/FOTOE）

冬季，吉林龙潭区乌拉街满族镇韩屯村雾凇（白文起/FOTOE）

 **小卡片**

"数九九"和"三伏"

除了二十四节气，民间还有"数九九"和"三伏"的说法，都是对不同季节特殊天气状况的表述，也是对季节更加细致的划分。季节和气候，本来就分不开嘛。

其中"夏九九"是夏至后81天。"冬九九"是冬至后81天，有"一九二九不出手，三九四九冰上走，五九六九沿河看柳，七九河开，八九雁来，九九加一九，耕牛遍地走"的民间谚语。

人们说"冷在三九，热在三伏"。

什么是"伏"？就是藏伏的意思，最早在西汉司马迁写的《史记》里就提到了。说的是阴气受到阳气的挤迫，藏伏到地下，天气越来越热，再也没有寒冷了。民间有"小暑不算热，大暑三伏天""头伏萝卜二伏菜，末伏有雨种荞麦"的谚语。

按照干支纪日排列。其中，初伏从夏至以后第三个庚日开始，第四个庚日是中伏开始，立秋以后第一个庚日是末伏。从初伏到中伏有10天，中伏到末伏有时10天，有时20天。

嘿嘿，别以为三伏天过了，就没有事了，后面还有24个秋老虎呢！

你知道吗

花信风

古代表现季节现象的，还有根据花期的"花信风"的划分方法。

例如南宋时期程大昌在《演繁露》中说："三月花开时，风名花信风。"从小寒到谷雨，总共8个"气"，120天里，每5天作为一个"候"，三候是一个节气。从小寒到谷雨，8个节气里总共24"候"，每"候"一种花期。经过24番花信风之后，以立夏为起点的夏季就来临了。

小寒：一候梅花，二候山茶，三候水仙。

大寒：一候瑞香，二候兰花，三候山矾。

立春：一候迎春，二候樱花，三候望春。

雨水：一候菜花，二候杏花，三候李花。

惊蛰：一候桃花，二候棣棠，三候蔷薇。

福建漳州水仙（邓飞/FOTOE）

荷花（秋峰）

安徽亳州谯城区五马镇，万亩桃园（张延林／FOTOE）

春分：一候海棠，二候梨花，三候木兰。

清明：一候桐花，二候麦花，三候柳花。

谷雨：一候牡丹，二候荼蘼，三候楝花。

此外，在南北朝梁元帝时期，还有一个月两番花信风，全年24番花信风的划分，排列如下：

鹅儿、木兰、李花、杨花、桤花、桐花、金樱、鹅黄、楝花、荷花、槟榔、蔓罗、菱花、木槿、桂花、芦花、兰花、蓼花、桃花、桃杷、梅花、水仙、山茶、瑞香。

梨花（安保权／FOTOE）

梅花（秋峰）

第十四章
"一天"的来历

古话说，光阴似箭，日月如梭。日历一张张翻开，日子一天又一天过去，永远也不会停息。

一天是怎么一回事？

三岁的孩子也知道，每一天都是白天加上夜晚。日夜不停转换，一天又一天静悄悄过去。

古代计时器——日晷，北京故宫（靖艾屏／FOTOE）

让我们把一天的两个基本组成单元——白天和夜晚分解开，探寻它们的秘密吧。

请问，白天、夜晚是怎么来的？

哈哈哈！谁不知道呀。幼儿园阿姨早就给孩子们说过，白天由太阳公公管，夜晚该月亮婆婆值班。太阳公公露面就是白天，月亮婆婆升起来就是夜晚。

古人说，这是日月升沉的结果。太阳菩萨管白天、月亮女神管晚上。太阳出山就是亮堂堂的白天，太阳落山就渐渐过渡到黑沉沉的夜晚。大地自己一动不动，任随日月在身边轮换，似乎和它没有一丁点儿关系。一天天怎么转变，那是天上太阳和月亮的事情。土地老爷才不管呢，也管不了这一档子闲事。

不，这是我们批评过的"地心论"的观念。不是地球稳着不动，日月星辰绕着地球旋转。正确的"日心论"认为在太阳系里，不是太阳绕着地球转，而是地球绕着太阳转，不能颠倒主次。儿子、老子的关系得要理顺才成。

地球运动有公转，也有自转，不仅围绕着太阳公转，还在不停自转，比蹦蹦跳跳的皮球复杂得多。

当它转过来面朝太阳就是白天，转过去背着太阳就是夜晚了。太阳是光的来源，朝着太阳或者背着它，日夜就自动交换，没有什么冥冥中的神灵操纵。

地球和皮球不一样，不是没有规律地乱蹦乱跳，而是有规律地由西向东旋转，所以我们看见太阳、月亮东升西落，自古以来永远也不变的现象。于是就产生了这两个光明的使者似乎总是围绕着大地旋转的感觉，这其实是人们的一个错觉。

地球就是那么简单地转来转去，没有别的"故事"吗？

在我们的生活里，日子一天天过去。你可知道什么是"一天"？这一天天是怎么来的？

这是地球自转的结果。

地球自转一周，产生昼夜交替的现象，就是我们过的一天了。

人们都知道，一天的长度是 24 小时，昼夜各一半。这就是地球自转和昼夜交替的周期。24 小时雷打不动，刻在钟表上，记在人们的心间，多一点、少一点都不行。如果谁说一天 24 小时还多几秒、少几秒，就会被别人笑话，认为很不科学。

请别这样说，天文学家就是这样看待"一天"的。

天文学家说，"一天"的长度大约24小时，这只不过是一个近似值。"一天"到底有多长，得要看这是哪一种"日"，哪一种的"一天"。

哎呀！越说越玄了。"一天"就是"一天"，"一天"24小时清清楚楚的，哪还会模模糊糊说什么大约不大约的。

"一天"真的不能简单说是24小时。要弄明白这个问题，首先必须知道"一天"的概念到底是怎么定的。在天文学上说，有不同的"一天"，长短不一样，并不都是整整24小时。

第一种是恒星日。这是以某一个恒星连续两次经过某一个地方的中天，也就是两次经过当地子午线的时间间隔，作为"一天"。恒星距离地球十分遥远，看起来只是一个小点点，用来作为观测的标准十分精确，这是天文学家使用的时间。

第二种是真太阳日。这是太阳连续两次经过中天的时间间隔。

太阳不是星星，看起来大得多，好像是一个红彤彤的大火球。以它为标准计算"一天"，该从它的什么部分算起呢？

天文学家说，一天的长度要算准确，不能瞧着太阳和当地子午线一沾边就开始计算，而是用它的圆面中心作为计算的起点。这样的"一天"，叫作真太阳日。

因为太阳运动速度不均匀，在一年之中的长短不一样，所以一年里的真太阳日并不是一样长。最长的真太阳日在夏至以后，"一天"达到24小时0分30秒。最短的真太阳日在秋分以前，只有23小时59分39秒。二者相差达到51秒左右。在我们的日常生活中，短短51秒似乎算不了什么，可是对一些精密科学研究来说，影响可就不小了。

第三种是平太阳日。这是一年之中真太阳日的平均长度。因为这是平均数，所以比较稳定，用在我们的日常生活中，就是我们所说的"一天"24小时了。一个平太阳日相当于1.00273791个恒星日，一个恒星日相当于0.99726957个平太阳日。

有了"一天"这个"日"的观念，在"一天"内进一步划分为时、分、秒就好办了。"一天"分为24小时，每小时分为60分钟，每分钟分为60秒。恒星日、真太阳日、平太阳日都有各自的时、分、秒等时间划分体系。其中恒星时用在天文观测，平太阳时就是我们平常使用的时间。

请注意，这些不同的"一天"，都是以地球自转非常稳定为前提的。如果地球自转不稳定，那就一切乱套了。事实上，在地球的活动过程中，自转并不稳定，而是有各种各样的变化。

第一种是长期变化。一般说来逐渐变得缓慢。最近100多年以来，平太阳日的时间就增加了0.0016秒。请别小看了这小数点后面好几位的数据，加起来可就影响不小了。

第二种是季节变化。在不同季节里，各种各样因素的影响，也会造成不同的结果。一般来说，上半年和下半年的地球自转速度有一些儿差别。前者自转快0.03秒，后者慢0.03秒，影响也不小呀！

第三种是不规则变化。由于地球内部物质移动，有时候也会影响到"一天"时间的长短微微变化。

由此可见，"一天"24小时的观念并不是固定的，这得看用什么作为标准来说了。咱们不是天文学家，也不是宇航员，用不着算得那么精确，就用"一天"24小时这个大致的数据吧。

是呀！是呀！生活中哪会计较0.001秒。"一天"快那么一丁点儿、慢那么一丁点儿，都不会影响咱们的日常生活，就"一天"24小时这么过着吧。

瞧，我们从"一天"的来历，慢慢说到具体的一小时，一分一秒的时间了。这些小时和分、秒，本来就是"一天"的一部分，共同组成了一个完整的时间体系。

让我们回过头来，再说"一天"之中昼夜长短的问题吧。

我们已经说过了，日夜交替是地球自转的结果。地球自转一圈就产生了白天和夜晚，二者似乎各占一半的时间。

咦，日夜各占一半就是各占一半，怎么还会有什么"似乎"各占一半的问题，难道白天和夜晚的长度不一样吗？

是呀！古人早就有这样的感觉。你不信吗？有诗为证。

汉代乐府《古诗十九首》中，有一首叹息道："昼短苦夜长，何不秉烛游？"在这位无名诗人的感觉里，夜晚比白天长，全用来睡觉太可惜，所以才产生了何不点着油灯游玩的想法。看来这是一位"夜不收"的老兄，如果生活在现代，准是一个在酒吧或者什么夜市里，不玩过半夜12点不会老老实实上床睡觉的夜猫子。

这位两千多年前的老兄感觉真是对的吗？黑沉沉的夜晚，真的比白天长吗？

不，感觉归感觉，实际情况却不是这样的。想不到却恰恰相反，昼比夜长，二者并不是相等的。

啊，这是怎么一回事？昼夜是地球自转生成的，难道咱们的老地球在咕噜噜自转的时候，朝着太阳经历的时间真的短一些，造成了这种"昼短苦夜长"的现象吗？

当然不是的。地球自转所产生的日夜，也就是面向太阳光源的昼半球和背着太阳的夜半球，二者之间的界线叫作晨昏线。按理说昼、夜半球应该是一样长短，没有什么差别，晨昏线清清楚楚黑白分明才对。可是这仅仅是理论的结果，实际上却有一些差别，造成了和"昼短苦夜长"完全相反，白昼略微比黑夜长那么一丁点儿的现象。

余晖下的青海茶卡盐湖（谭伟／FOTOE）

请注意，我说的是"理论"和"实际"，以及"略微""一丁点儿"。

是的，不管白天还是晚上，地球都是匀速旋转，二者的长度从理论上没有差别，可是感觉上就略微有一些儿差别了。

你不信吗？请注意一个现象吧。

在太阳还没有升起的清晨和已经落山的傍晚，按理说，太阳还没有露面，或者已经完全消隐了，就不会有亮光照耀大地，应该一下子就进入黑夜的王国。可是在这个时候，空中却总还有一些儿蒙蒙亮的霞光，处于似昼非昼、似夜非夜的过渡阶段。

请问，这是怎么生成的？

原来这是大气的折射加上散射的结果，使还没有在地平线上露面，或者已经落下地平线的太阳光芒，通过折射反映进我们的眼睛里，造成了空中有霞光，却不见太阳面孔的特殊现象。

想一想，这样的现象岂不是太阳的霞光越过了晨昏线，侵入了夜半球一边，造成了昼长夜短的现象吗？那位叹息"昼短苦夜长"的汉朝老兄，凭着自己的感觉，欺骗了自己，也糊弄了后人两千多年，应该纠正过来了。

海南临高县海边晨曦（黄金国／FOTOE）

话说到这儿，实际上的昼比夜到底长多少呢？有没有具体的量化数据，不用什么"略微""一丁点儿"来形容。

平均来说，昼大致是 12 小时 8 分，夜就少这 8 分钟了。

具体昼夜的长短还要看在什么地方、什么季节了。

让我们再回到昼半球、夜半球和晨昏线的问题吧。

由于昼夜的存在，一条条纬线被晨昏线分割，生成了昼弧和夜弧，决定了昼夜的长短。因为昼半球比夜半球长，所以昼弧也比夜弧长。夏至的时候，太阳直射北回归线，北半球昼最长。在北极点，夏至完全是白天，叫作极昼。冬至的时候，太阳直射南回归线，北半球夜最长。在北极点，冬至完全是黑夜，叫作极夜。春分和秋分的时候，各地昼夜相等，都是 12 小时。南半球与北半球情况则完全相反。

以北纬 40° 来说吧，夏至的时候昼弧占 222° 45'，夜弧只有 137° 15'，就知道这个时候，这个地方，昼比夜长多少了。

现在咱们可以总结一下了。在北半球不同季节的昼夜长短，可以归纳为以下的情况：

从春分经过夏至到秋分，总的来说是昼长夜短。从秋分经过冬至到春分，总的来说是昼短夜长。

从冬至经过春分到夏至，昼越来越长，夜越来越短。

从夏至经过秋分到冬至，昼越来越短，夜越来越长。

啊呀！咱们一天天过着，可不知道这一天天竟有这么多的学问。真是不问不知道，一问吓一跳呀！

你知道吗

什么是"一天"

恒星日、真太阳日、平太阳日是怎么一回事，有什么差别？
生活中，白天长，还是夜晚长？为什么？
一年四季中，昼夜长度有什么变化？

第十五章

时钟嘀嗒嘀嗒响

嘀嗒、嘀嗒，钟表的声音不停地响。

这是时间的脚步，一丝不苟，走得那样整齐，表示这个隐身精灵的存在，时时刻刻提醒大家注意，不要把宝贵的时间白白浪费了。

嘀嗒、嘀嗒，这个声音还在不停地响，从来也不休息，似乎告诉大家，我在这儿呢。

嘀嗒、嘀嗒，时间呀，时间，你多么神秘。咱们得要讲一讲这个问题。

这本书是给孩子们讲地球的，时间也和地球有关系吗？

当然有关系啰！

天津火车站世纪钟（张富源/FOTOE）

129

由于地球自转，产生了白昼和黑夜，有了一天又一天。地球自转一周24小时，和人们的生活有密切关系。把一天24小时细分下去，不就是时间的问题吗？

瞧吧，大学地理系的一本《地球概论》教科书里，就专门列出了时间这一章。我们已经在前面讲了一天的来历，当然就应该接着说时间的问题了。

没准儿有人会说，时间就是时间嘛。不就是一天24小时，一小时60分，一分60秒吗？小孩子也知道，有什么好说的？

不，问题不是那么简单。仔细了解一下，其中的"学问"还多呢。

说起时间问题，首先就得弄清楚两个观念。

一个是时间间隔，另一个是时刻测定。

运动员跑百米，到底用了多少时间？从北京乘坐飞机到广州，需要多少时间？一堂课、一场篮球比赛有多长时间？所有这些历程的长短，都是时间间隔的问题。

人造卫星发射，一个宝宝的诞生，某一个特定时刻的测定，也是重要的时间问题。

看不见、摸不着的时间，自古以来就和人们的生活分不开。古时候，我们的老祖宗为了生活和生产的需要，必须掌握时间的规律。在原始落后的生产条件下，没有太高的要求，日出而作、日落而息就可以了。天空中红通通的太阳，就是最好的时钟。根据太阳运行，制作了一套时间计算方法。这一来，就产生了太阳日，以及进一步细分的太阳时的观念。

太阳日是太阳圆心连续两次经过同一个地方的中天，也就是当地子午线的时间间隔，又叫作真太阳日。

太阳日就是太阳日，还叫什么真太阳日？难道和大街上的假货一样，还有什么假的太阳日不成？

这是一个通用的学术名词，不是什么真假的问题。

真太阳日是在某一个地方，某一个时刻，实际测定出来的一天长短。加上一个"真"字，表示的是实实在在的测量结果。可是由于地球运动速度不均匀，所引起的太阳在黄道上的视运动也不均匀，所以根据这种方法测定出来的真太阳日长短也就不同了。最长的真太阳日在夏至以后，可以达到24小时0分30秒。最短的真太阳日在秋分前，一天只有23小时59分39秒。二者相差达到51秒。

在常人眼里，区区51秒虽然不算多，可是对一些精确的科学研究来说，误差就太大了。

为了解决这个问题，人们又提出了平太阳日的观念。

平太阳日是假想太阳在黄道上匀速运动，连续两次经过同一个地方子午线的时间间隔。我们通常说的一天长短，就是一个平太阳日。

话虽然这样说，地球自转也不稳定，总是有一些变化的。

第一种是长期变化，逐渐变得缓慢，平太阳日就悄悄变长一些了。近100年来，平太阳日的长度增加了0.0016秒。

第二种是季节变化。因为一些巨大的气团移动等原因，上半年地球自转变慢了0.03秒，下半年就快0.03秒了。

第三种是不规则变化。这是由于地球内部物质移动引起的，也可以影响平太阳日长短的细微变化。

有了平太阳日，就可以建立起我们一般使用的年、月、日的时间系统了，也就是人们常常说的回归年、朔望月、平太阳日。

回归年是太阳连续两次通过春分点的时间间隔。因为每个回归年的长短不

日落时分的美国亚利桑那州仙人掌国家公园（韩鸿/FOTOE）

1750 年版画，画面主体为英国格林尼治皇家天文台（文化传播／FOTOE）

一样，根据一个世纪的回归年的平均值计算，1 回归年相当于 365.2420 日，也就是 365 天 5 小时 48 分 46 秒。

朔望月是月相盈亏的平均周期。从一个朔到下一次朔，或者从一个望到下一次望的时间间隔，平均 29.530589 日。

从上面这些话来说，以太阳作为根据的太阳日，总有一些"缺陷"，精确度还不够高，不能满足精密科学的要求。于是一些天文学家又制定了另一套时间计算的方法。根据某一个恒星连续两次经过同一个地方的中天，也就是当地子午线的时间间隔，叫作恒星日，再进一步划分出了恒星时。

1 平太阳日相当于 1.00273791 个恒星日。

1 恒星日相当于 0.99726957 个平太阳日。

瞧，太阳和星辰，就是这样成了天然的时钟，划分出各自体系的年、月、日，可以相互对比。

随着时代发展，各种各样的行业对时间提出了不同的要求，科学精度不断提高，对时间的要求越来越严格，时间测量的方法也越来越精确了。

世界时就这样出现了。

这是假设地球均匀自转，以英国格林尼治天文台的子夜为零时，用平太阳时的时间计量系统来计算的。说白了，这就是格林尼治的地方时间系统，推而广之应用到全世界。

全世界都用英国的格林尼治时间吗？

那边早上6点，我们也跟着是早上6点。那边半夜12点，我们不管三七二十一，也跟着是半夜12点。全世界都这样来，岂不白天、晚上不分，上午、下午不管，统统乱了套。

不成！世界上不同的地方，还得要有自己不同的地方时间才成，又叫作地方时。

地方时是各地实测的时间，也就是以当地子午线为基准，所建立的一套计量时间系统。

地方时也有各自的恒星时、真太阳时、平太阳时。因为地球在旋转，各地的地方时间不一样。

不同地方的地方时怎么换算呢？和地球自转有关系。

地球旋转一圈360°，恰好24小时。地球一周的经度，不多不少也是360°。经度360°，就相当于24小时。知道它们之间的基本关系，就可以换算各地不同的地方时间了。

北京古观象台的天文仪器（王琼／FOTOE）

现在请你自己算一算吧。

经度相差 15°，相差多少时间？

让我们列出算式：

360 ÷ 15＝？

呵呵呵，岂不正好是 24 小时吗？

再以此类推，就得出了下面的结果：

经度相差 1°，时间相差 4 分钟。

经度相差 1'，时间相差 4 秒。

1884 年，华盛顿国际子午线会议决定，以格林尼治天文台所在的经度，也就是子午线为标准。格林尼治天文台以东是东时区，以西是西时区。

全世界按照统一的标准，每 15° 为一个时区，划分为 24 个时区。相邻的时区相差 1 小时，各自有不同的区时。因为地球从西向东旋转，东边比西边先看见日出，所以东时区的区时比格林尼治天文台所在的区时早些，西时区的区时比格林尼治天文台所在的区时晚些。

根据这个划分，北京在东 8 区。

请你再算一算，北京所在的东 8 区的区时，和格林尼治天文台所在的 0 时区的区时，二者相差多少时间？这个计算很简单，不告诉你结果了，就请你自己动一下脑筋吧。

瞧，我们在这里又提出了一个区时的概念。请问，区时就是地方时间吗？说得更加具体一些，北京所在的东 8 区的区时，就是我们熟悉的地方时间吗？

那才不对呢！区时是区时，地方时间是地方时间，二者并不是一回事。

地方时间是以当地的子午线为基准，实测的具体时间，和以格林尼治天文台为基准，推算出来的一个时区的区时不一样。

北京位于东经 116° 19'，以当地实测的地方时间和东 8 区的区时比较，二者相差 14.7'。大家可要明白了，绝对不能用北京所在的区时，代替北京时间。

再说了，咱们中国辽阔广大，从东 5 区到东 9 区，东西横跨了 63 个经度，各地的地方时间相差可大了。到过新疆的人们都知道，那儿早上日出和傍晚日落的时间，和北京大不一样。第一次到那儿的人，还有些不习惯呢。

这是怎么一回事？因为那儿是东 6 区，和北京相差整整两个时区。乌鲁木齐的地方时和北京相差 2 小时 10 分，具体的时间当然有差别。尽管地方时间有差别，为了管理方便，新中国成立后，1949 年由周恩来总理提议，经全国人大批准，我国开始采用以首都北京所在的东 8 区的区时作为全国的标准，这就是我们熟悉的北京时间了。

顺便再告诉你一个秘密。你知道北京时间，当的那一下钟响，每天晚上中央电视台新闻联播，那嘟嘟嘟嘟的响声，是从哪儿计算的？

不，不是在北京，更加不是在中央电视台，而是在陕西临潼的中国科学院国家授时中心，经过 9 台铯原子钟、两台氢原子钟精密测定出来的，这里的平太阳时大约比北京晚 14 分 30 秒。可是这里在咱们整个国土的正中央，从这里测定的时间和全国各地的误差最小，所以我们熟悉的北京时间，就选定在这儿发出了。

别的一些国家不一样。以美国来说，分出了东部时间和西部时间。到美国去旅游，可要注意东西部不同的时间呀！

地球转一圈 360°，从格林尼治天文台开始划分的东时区和西时区，各有 180°，在太平洋中央覆合。这条子午线有一个特殊的名字，叫作国际日期变更线，又叫日界线。

地球仪上的日界线（秋峰）

为什么叫这个名字？这和一天的开始和结束有关系。

地球不停旋转，一天从哪儿开始，在哪儿结束呢？

以格林尼治天文台的 0° 子午线为标准好吗？

不成啊！这里是人口众多，生活繁忙的西欧。如果把这里作为一天的起始点，从伦敦的这边走到那边，岂不一会儿就会从今天走进明天，或者倒退回昨天，弄得生活乱了套，多么不方便。于是就规定新的一天从地球的另一面，太平洋中心的 180° 经线开始，旧的一天在这里结束。这里人口稀少，涉及的地方不多。即使

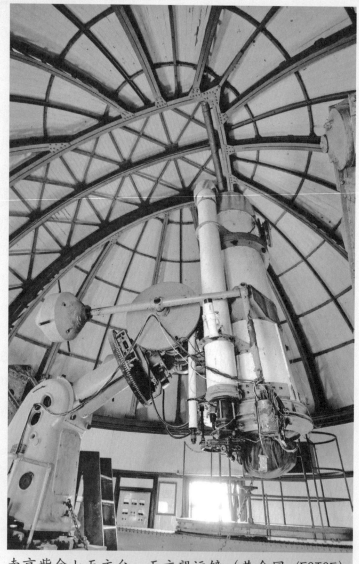

南京紫金山天文台，天文望远镜（黄金国 /FOTOE）

有几个小岛，把地图上的日界线稍微绕一丁点儿就能避开了。

按照规定，这条线的西边比东边早一天，东边比西边晚一天。

请注意啦！如果你乘坐飞机从北京到美国去旅游，也就是从西边跨过日界线到东边，得要"跳过"一个日子，也就是在原来的日期上加一天。反之，从东边跨过日界线到西边，就得"重过"一个日子，在原来的日期上减一天了。

我们都读过凡尔纳的《八十天环游地球》，由于从西向东穿过日界线，所

以就悄悄"多"了一天，赢得了最后胜利，有趣不有趣？

居住在日界线附近的人们，生活非常奇妙，今天、明天、昨天的概念非常模糊。以基里巴斯共和国来说吧，因为日界线正好穿过了全国，首都塔拉瓦在日界线的西边，庆祝国庆的独立日规定在 7 月 12 日。可是在日界线东边的地方，独立日就在 7 月 11 日了。两边同时庆祝，却是不同的日子。不明白情况的外来者，弄不好还会以为有两个独立日呢。

从前斐济共和国有一个规定，星期天商店不营业。可是如果日界线穿过一个商店，就可以在不同的日子打开前后门，巧妙躲过这条规定了。

说起时间问题，还有一个特殊的夏令时间。

这是第一次世界大战期间，西欧一些中纬度国家所规定的一种"法定时"。规定夏季时间提前一小时，就能充分利用宝贵的白昼了，这就是我们知道的"夏令时间"。

上面说的这些，都是从平太阳时来的。但是由于地球自转不均匀，影响了时间的精度，没法满足高科技的要求，还得另外想出更好的办法才成。

针对世界时的缺陷，1958 年，国际天文学联合会决定用太阳的周年视运动为标准，建立起另外一套和地球自转完全没有关系的时间系统，叫作历书时，用来代替世界时，作为基本时间的计算系统。

随着科学技术飞速发展，一些精密科学对时间有越来越高的要求，历书时也不能满足需要了，必须有更加精确的时间计算方法。科学家把目光从传统的地球、太阳运动，转移到精度更高的原子内部物质运动。以这种规律性更高的精密运动为基础，建立了另一套最新的时间计量系统，完全不受外界的干扰，和地球运动没有一点关系，叫作原子时。

1967 年，第十三届国际计量大会上通过决议，1 原子秒是铯原子跃迁频率 9192631770 周所需要的时间。

1976 年，第十六届国际天文

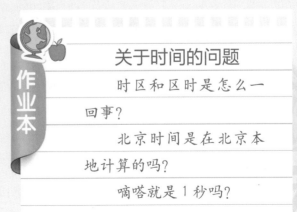

关于时间的问题

时区和区时是怎么一回事？

北京时间是在北京本地计算的吗？

嘀嗒就是 1 秒吗？

学联合会决议，从 1984 年起，所有的天文计算和历表所用的时间单位，统统都改用以原子秒为基础。这样一来，时间计算就更加精确了。

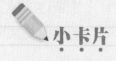 小卡片

一刹那

时间的问题说完了吗？

还没有呢！让我们再说一个有趣的玩意儿吧。

人们形容时间非常短暂，常常说一刹那。请问，一刹那到底有多长？

这是佛经里的一种观念，有不同的解答。

大名鼎鼎的"唐僧"玄奘，在《大唐西域记》里解释：

120 刹那 =1 坦刹那

60 坦刹那 =1 腊缚

30 腊缚 =1 牟呼栗多

5 牟呼栗多 =1 时

6 时 =1 昼夜，就是一天了。

用公制换算一下，得出了下面的结果：

1 时（大时）=4 小时

1 牟呼栗多 =48 分

1 腊缚 =96 秒

1 坦刹那 =1.6 秒

1 刹那 =1/75 秒 =13.33 毫秒

在别的经书里，还有的认为一弹指为二十瞬，一瞬为二十念，一念为二十息，一息为六十刹那，一刹那为九百生灭。

啊呀呀！"生灭"就是从生到死，整个生命的历程呀！想不到一刹那就会有九百次，真叫人难以想象。

又有高僧说，一眨眼等于二十四刹那。

喔！我们随便眨一眨眼睛，也有这么多的微细时间划分，简直比最神奇的神话还神秘一万倍。

撇开神话的成分，时间的学问多么深奥呀！

第十六章
三种不同的历法

日子一天天过去，日历一张张翻开。翻到最后一页，最最喜爱的新年就来临了。

过年了！过年了！人人都欢欢喜喜，谁不想过一个热热闹闹的年呀。

噢，过年吗？请问，你过的是什么"年"？

是按照公历计算的元月一日，翻开日历第一页的新年，还是热热闹闹看春节联欢晚会，噼里啪啦放鞭炮的旧历年？要不，只是写信说要回家过年，话没有说清楚，老妈妈高高兴兴做了一大桌子菜，你却没有回来，到时候谁吃呀？

是啊，这是两个不同的"年"。要过年，首先得要把"年"的观念说清楚，到底是什么"年"才成。

呵呵，过年的问题也有些复杂呢。

2016年成都春节庙会（黄金国／FOTOE）

复杂的"年"，牵涉到不同历法的问题，就必须从历法说起了。

世界上不同的民族，根据不同的历史习惯，使用五花八门的不同历法。有的用地球围绕太阳运动为根据，有的用月球运动为根据，有各种各样的依据，不能一下子说完。可是把形形色色的历法仔细归纳起来，却只有三种基本的历法。

第一种是太阴历，又叫阴历。

太阴就是月亮，这是以月球运行为根据的一种历法。

在我们的眼睛里，月球是怎么运行的？就是月亮缺了又变圆，圆了又变缺，周而复始不停变化。从朔到望，再到朔的月相变化嘛。

这就是朔望月。以它作为基础，所制定的一种历法，就是太阴历了。包括中国、埃及、巴比伦、希腊、印度等许多文明古国，都曾经使用过。

这种历法的主要成分是历月，它的历日轮转周期，就是月相变化的周期。一个月29.53059天，相当于月相变化。

哎呀，一天就是一天，这儿怎么出现了一个小数点问题。整整一天好计算，可以排进日历里。0.5天怎么安排呢？总不能把一天剖为两半。这个半天在这个月里，那个半天在下个月吧？

为了解决这个问题，聪明的人们想出了大月和小月的办法。规定大月30天，小月29天。大小两个月一拉平，就把0.5的问题巧妙地解决了。

紧接着，遇着一个问题。一年里谁是大月，谁是小月呢？

人们就硬性规定，1、3、5、7、9、11的单数月是大月，2、4、6、8、10、12的双数月是小月。12个月共计354天，相当于12个朔望月。这么一来，又解决了一个难题。

一个问题解决了，下面又冒出另一个问题。

仔细一算，一年不是整整354天。后面还有一些小数，是354.36708天。完整的一年，可不能在后面拖着一大串小数点呀！

怎么解决这个新问题？

有办法！就置闰吧。

什么是置闰？就是把小数点后面多余的零零碎碎时间凑起来，拼凑出一个完整的日子，放进规定的月份里就成了。

根据计算，这种历法30年就会积累多余的11.0124天。那就每3年加一个闰日得了。

再细细一想，这就真的万事大吉了吗？

还没有完呢。按照这个办法，多余的 11 天有了安排。可是后面还有 0.0124 天，又怎么办呢？

这好像银行里的零存整取一样，接着再慢慢凑吧。凑齐一个整数，就可以"取"出来了。天文学家仔细算了一下，得要再过 2400 多年，才能再凑出一天。

噢，那就 2400 多年再加一个闰日吧。

唉，这多么漫长啊！不知道古人这样规定好了，后来人是不是真的买这个账。慢悠悠过了一次相当于从战国时代开始，直到现在才加上的这个非常特别的一天。

这还没有完呢。尾数后面的小数点，永远也没有个尽头。几千年不成了，难道还要过上万年，再拼凑出另一个新的闰日，让我们过一下这比

月光下的海滩 （杨兴斌／FOTOE）

买彩票中头奖还稀罕的瘾吗？

嘿嘿，谁能等待那么久呢？

再说呢，经过漫长的岁月，人们早就换了另一种历法，谁还需要这种老掉牙的历法，过一个万年一遇的特殊闰日呢？

呵呵，请不用为古人担忧，也不必为今人发愁吧。

关于太阴历，这仅仅是一个开头。这种历法推行了很长的时间，世界上许多古老民族都曾使用过。可见还是有许多优点，曾经家喻户晓，不能不好好说一下。

这种历法最大的特点，就是抬头就能够看见。

哈哈！历法是一种时间制度，不是红的花、绿的树，欢蹦乱跳的小猴子，也能睁开眼睛就看见吗？

可以呀！

这不是根据月亮阴晴圆缺编制的吗？月儿高高悬挂在天上，怎么不能抬头望见呢？

古时候要求不高，人们要求越简单越好。这种历法规定 1、2、3 月是春季，4、5、6 月是夏季，7、8、9 月是秋季，10、11、12 月是冬季，非常简单明了，很容易掌握，这就是最大的好处。

可是事情总没有十全十美的。这种历法的缺点是只看月球咕噜噜转，缺了又圆、圆了又缺，却不知道如果季节规定得不是很合理，不能很好指导农业生产，就有一些毛病了。

聪明的阿拉伯人发现了这个问题，干脆就同时使用太阴历和太阳历。前者用于宗教活动，后者用在农业活动。二者巧妙结合在一起，成为自身的特点。

古埃及人用一种特殊的 13 月历。前 12 个月，每个月 30 天。第 13 个月，平年 5 天，闰年 6 天。

哈哈哈！一个月只有五六天，还不到一个星期，也能叫作"月"吗？

这有什么不可以呢？这样保证了前面每个月都是 30 天，不用大月、小月那么麻烦换算。接着干干脆脆再加 5 天，就是整整齐齐的 365 天了，有什么不好？这 5 天用来过年，或者做别的什么事情，就算是特殊的日子。咱们春节大假也要放 7 天嘛，别人一年来 5 天特殊的，合情合理呀！

古埃及过年也很有趣。一般的新年还是 1 月 1 日，大多数农民却把 9 月 11

日当作是新年。为什么这样？因为哺育埃及大地的尼罗河，每年大致在这时候开始泛滥，也带来了丰收的喜悦。过年就得喜洋洋的嘛，选择这一天过年，有什么不可以的呢？这就叫作因地制宜，灵活运用，脑瓜子够灵的了。别人家里的事情，由别人自己安排，我们少管闲事。

第二种是太阳历，又叫阳历。

这种历法是以太阳的周年视运动为依据，和月球运动没有一丁点儿关系。基本周期是回归年，也有闰日的安排。说得更加清楚些，也就是地球围绕太阳公转的周期。古埃及历法、古玛雅历法、古罗马历法、现行的公历，都是这么一回事。

现在全世界通用的公历，又叫《格雷果里历》，是从古罗马的《罗马历》和《儒略历》演变而来的。

最早的西方历法是公元前713年，古罗马第二任国王努马制定的。这个国王满脑瓜都是迷信思想，认为双数不利，不许一个月的日子是双数。按照他的规定，一年十二个月是这样安排的。1、3、5、8月，每个月31天，2、4、6、7、9、10、11月，每个月29天，12月27天。全年加起来354天，和真正的回归年相比，还差11天。一年开始的那一天是春分日，这就是"新年"了。在后来的一些僧侣鼓捣下，闰月安排也是一团糟，想怎么安排就怎么安排，弄得寒暑颠倒，冬天穿短袖，夏天穿棉衣，简直弄不清楚是怎么一回事。难怪法国大文学家伏尔泰讥讽说："罗马人常常打胜仗，但是不知道胜仗是哪一天打的。"

这个历法当然不行。后来的罗马执政官儒略·恺撒大帝就请埃及天文学家帮助，用回归年作为基本周期，每个月都有特殊的名字，修订了新的历法，这才是真正有用的太阳历。

皇帝就是皇帝，大家跪着给他磕头山呼万岁，他自己觉得很了不起。想怎么干就怎么干，谁也拦不住他。这个威名赫赫的恺撒大帝觉得自己的功劳比天高，得要在历法上留下自己。他出生在7月，就把7月改为自己的名字，叫作Julius，后来慢慢变成了今天人们熟悉的July。这个月必须31天，不能比别的月份少一丁点儿。

他开了这个头，后来他的养子屋大维登台，也要把自己出生的8月改成自己的称号Augustus，后来慢慢变成了今天的August。为了表现自己的伟大，这个月也要31天。他们这一来，打乱了从前一个大月、一个小月相间排列的规定，出现了7月大，8月也大的现象。9月以后的月份，大小月只好全部改变了。可怜的2月由于一年的日子分配不过来，就只好委屈委屈安排28天了。

现在通用的《格雷果里历》，是公元325年欧洲基督教国家洛桑会议以后，由罗马教皇格雷果里十三世下令使用的。这个历法经过不断改进，内容最科学，后来就逐渐成为全世界共同使用的公历了。

第三种是阴阳历。

这种历法把回归年、朔望月一起使用，同时考虑了太阳和月球的运动。由于回归年、朔望月没有公约数，所以设置闰月来调节。

罗马皇帝奥古斯都大理石像（黄旭／FOTOE）

古巴比伦、古希腊和我国古代都使用过这种历法。我国最晚在殷商时代就开始使用了，一直到清朝末年为止。其间由于各种各样的原因，先后制定了上百种阴阳历。这种历法由于可以指导农业活动，所以又叫作农历。

呵呵，阴阳历。到底是阴，还是阳呀！

它既是阴，也是阳，包含着阴历的成分，也有阳历的成分。

其中，阴历的成分表现为历年相当于历月的积累，也就是一个个朔望月的积累，和回归年没有直接联系。

阳历的成分表现为在历月积累的前提下，也要考虑回归年的因素。

一个回归年相当于 365.2420 天。

一个朔望月相当于 29.530589 天。

二者归纳在一起，一个回归年就相当于 12.3682 个朔望月。

这个多出来的 0.3682 怎么办？

办法也很简单，就设置闰月呀！多少年加一个闰月，有不同的办法。我国春秋时期的"十九年七闰制"最简单，就是每 19 年中，有 7 个闰年，总共 235 个历月。19 年原本 228 个月，加了 7 个闰月，就使平均的历年相当于回归年了，也不会发生冬夏颠倒的现象。这是原始时期的历法向科学历法的重大改进。

话虽然这样说，时间长了也总会出一些新问题，就得不断修改了。

这样的历法会出什么问题呢？根本原因就是年、月、日的关系不能通约，任何历法只不过是近似表现三者的关系而已。时间一长，和实际的天象比较，偏差就会越来越大。如果偏差积累起来，就会影响农业生产了。

汉武帝时期使用的《太初历》就是最好的例子。到了东汉初年，已经用了 100 多年，误差就渐渐暴露出来了。以月食来说，就比预测整整提前了一天，非修改不可了。于是天文学家就用新的《六分历》，代替了已经不适用的《太初历》。

咱们中国古代天文学非常发达，曾经不断修改历法，精度不断提高。特别是十分强调逐年逐月推算，定月序，定日序，定大小月，干支循环制度，历法和二十四节气并行，等等，越来越科学化了。

其中，干支纪年是用甲、乙、丙、丁、戊、己、庚、辛、壬、癸等十个符号叫天干，子、丑、寅、卯、辰、巳、午、未、申、酉、戌、亥等十二个符号叫地支，相互搭配，简称"干支"。正好六十为一周，周而复始，循环记录。这六十干支分别是：

1. 甲子 2. 乙丑 3. 丙寅 4. 丁卯 5. 戊辰 6. 己巳 7. 庚午 8. 辛未 9. 壬申 10. 癸酉

11. 甲戌 12. 乙亥 13. 丙子 14. 丁丑 15. 戊寅 16. 己卯 17. 庚辰 18. 辛巳

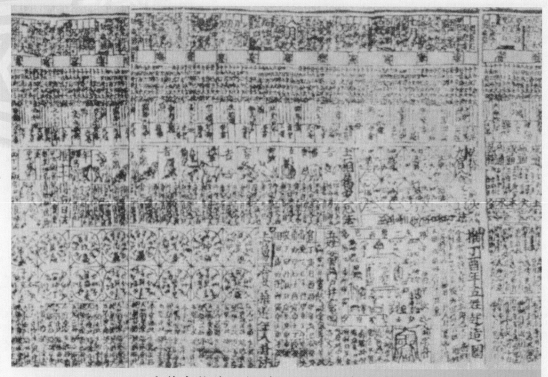

唐僖宗乾符四年（公元 877 年）历书（文化传播 /FOTOE）

19. 壬午 20. 癸未

21. 甲申 22. 乙酉 23. 丙戌 24. 丁亥 25. 戊子 26. 己丑 27. 庚寅 28. 辛卯
29. 壬辰 30. 癸巳

31. 甲午 32. 乙未 33. 丙申 34. 丁酉 35. 戊戌 36. 己亥 37. 庚子 38. 辛丑
39. 壬寅 40. 癸卯

41. 甲辰 42. 乙巳 43. 丙午 44. 丁未 45. 戊申 46. 己酉 47. 庚戌 48. 辛亥
49. 壬子 50. 癸丑

51. 甲寅 52. 乙卯 53. 丙辰 54. 丁巳 55. 戊午 56. 己未 57. 庚申 58. 辛酉
59. 壬戌 60. 癸亥

古时候，用这种方法来记录时间，纪年、纪月、纪日、纪时，曾经广泛运用。例如甲午海战、戊戌变法、辛亥革命等历史事件，都使用了这种干支纪年的方法。

其中，十二地支又和十二生肖相对应，分别是子鼠、丑牛、寅虎、卯兔、辰龙、巳蛇、午马、未羊、申猴、酉鸡、戌狗、亥猪，又叫作兽历。

你的属相是什么？就按照这个顺序排列，请你自己找一找吧。

河北蔚县十二生肖剪纸作品（树莓／FOTOE）

　　属相是什么，可不是什么动物变的。属狗的不是小狗，属猪的不是小猪，属虎的也不是小老虎。难道属虎的孩子会咬属狗、属猪、属兔的小朋友，属猴的会爬树，属鸡的天生就会张开翅膀咯咯叫吗？

　　哈哈！哈哈！笑死人啦！

　　信不信由你，从春秋时期以来，我国先后出现过近百种历法。其中比较有名的，先后有秦始皇统一六国后颁布的《颛顼历》，汉武帝的《太初历》，南北朝时期的《大明历》，隋代的《皇极历》，北宋的《奉元历》等。可是也有一些历法不是从科学性出发，而是庆祝什么改朝换代、新皇帝登基等等，和天文科学没有一丁点儿关系的乱七八糟事情。说白了，就是封建落后的"正统"观念，以及一些官员拍马屁而已。

顺便说一下，使用兽历的民族不少。蒙古族、彝族都使用有趣的兽历。

西藏的藏历也是其中的一种，唐朝文成公主入藏成婚结盟，带来内地的历法。后来藏民稍微改变了一下，用金木水火土五行代替天干。其中，木代替甲、乙，火代替丙、丁，土代替戊、己，金代替庚、辛，水代替壬、癸。又用龙、蛇、马、羊、猴、鸡、狗、猪、鼠、牛、虎、兔代替地支。相互搭配出什么火鸡年、土虎年等等，也是六十年一循环，叫作"回登"，就是藏语"木鼠"的意思。木鼠年就是内地的甲子年。

外国一些地方兽历应用也非常普遍。埃及、巴比伦、印度、希腊等文明古国，都曾经有过类似的兽历。

印度兽历中的十二种动物，依次排列是：鼠、牛、狮（或者虎）、兔、龙、

隋代四神十二生肖铜镜，西安博物院（杨兴斌/FOTOE）

148

蛇、马、羊、猴、金翅鸟、狗、猪。

埃及和希腊兽历中的十二种动物，依次排列是：牡牛、山羊、狮、驴、蟹、蛇、狗、猫、鳄鱼、红鹤、猿、鹰。古巴比伦的兽历也很相似，只不过用蜣螂代替了蟹。

越南历史上受中国文化的影响很深，也有同样的十二兽历。只不过用猫代替了兔。墨西哥的兽历有一半和中国一样，似乎也有一些关系呢。

甲子、五行和属相

六十年一甲子是怎么一回事？金、木、水、火、土五行呢？

你问妈妈，你属什么？哪一年是你的本命年？

再问妈妈一句，属相是什么，就真的是什么动物变的吗？

古埃及莎草纸绘画——利用月相计算时间（文化传播/FOTOE）

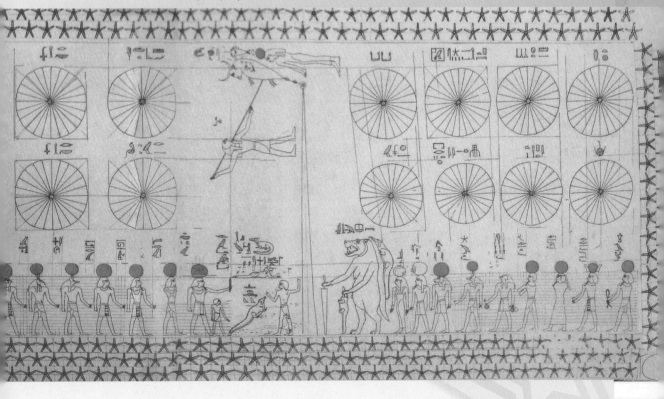

有趣的是法国居然也有十二种星座组成的历法，一月出生的属于摩羯座，以后各月出生的，按照顺序是宝瓶座、双鱼座、白羊座、金牛座、双子座、巨蟹座、狮子座、室女座、天秤座、天蝎座、人马座。

墨西哥阿兹特克人的月历（文化传播／FOTOE）

法兰西历法

你可知道，法国也曾经有过一种特殊的"革命历法"。

翻开法国的近代史，有什么"雾月政变""热月政变"的事件。请问，这是怎么一回事？

原来这是1789年法国大革命的时候制定的一种新历法。1793年10月5日，国民公会决定改用这种革命的共和历法，破旧立新，打破陈规。规定以1792年9月22日法兰西共和国成立之日，作为共和元年元旦。不再叫什么1月、2月的，统统重新取名字。建立共和国当然最神圣，历法也得跟着来。于是就把革命成功的9月作为第一个月，22日是最神圣的日子，每个月都从这"革命"的一天，或者相邻的其他日子开始，完全打破了过去历法的规定。

这个历法中规定，原来的9月改为第1个月。也不叫什么1月了，改一个名字叫酒月，作为革命新历法中的新1月。

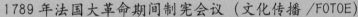

1789年法国大革命期间制宪会议（文化传播/FOTOE）

为什么叫这个奇怪的名字？因为这时候葡萄成熟，开始酿酒了呀！紧密结合了法国的实际。

往后的新月份，依次是雾月、霜月、雪月、雨月、风月、萌月、花月、牧月、获月、热月、果月。那些 July、August 什么的，宣扬封建帝王的名字统统打倒。全都根据法国的气候变化而来，说起来非常本土化，充满了民族色彩。

这的确很新奇，把过去的传统历法统统打倒了。可是这么一来，一些新问题也跟着出现了。

首先就是革命的 9 月当成 1 月，作为一年的开始，虽然表现出了深厚的革命感情，那可是秋天呀！不管革命不革命，人们很难把这个时候当作新年。3 月、4 月改成了霜月、雪月；11 月是热月，12 月是果月，也和一般的习惯有些不合节拍。再说了，这仅仅反映了法国的气候特点，要和国际接轨也非常麻烦。这个翻天覆地的历法革命，用不多久就带来许多麻烦，很快拿破仑登上皇帝宝座，就废除了这种历法。

在这个历法执行期间，还有一个特殊规定，规定每个月一律平等，统统都是 30 天，一年 360 日，剩余的 5 天就作为"共和党人日"，用来作为特殊的时间。此外，在推翻旧世界的口号下，还废除了星期制，改为旬日制。一个月 3 旬，一旬 10 天。比一个星期 7 天的旧制度，一旬多了 3 个工作日，就可以更好好革命工作了。

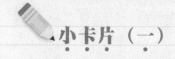

小卡片（一）

2 月 30 日

请问，2 月有 30 日吗？

呵呵，谁不知道 2 月一般只有 28 天，只有在闰年才有 29 日。听也没有听说过，2 月还有 30 日。

有的！公元前 46 年，古罗马执政官儒略·恺撒大帝颁布的《儒略历》规定，平年的 2 月 29 天，闰年 30 天。并且规定每隔 3 年，有一个闰年，也就有一个 2 月 30 日了。

他死后，掌权的僧侣们忘记了一个"隔"字，误以为每 3 年一个闰年。于是就在往后的 33 年中，安排了 12 个 2 月 30 日。直到屋大维上台才改了回来。

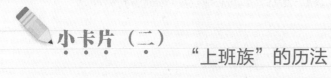

小卡片（二）

"上班族"的历法

在现代社会中，一些上班的人们觉得现在使用的历法有些不方便。星期六、星期天休假记得很清楚，却老是记不住当天的日期。能不能把具体的日期和休假日固定，那就方便得多了。于是"上班族"们开始动脑筋，提出了一些改革的方案。

其中有两个方案值得注意。

一个是《12月世界历》，建议每年4个季度，每个季度3个月，共计91天。每季的第一个月31天，其余统统都是30天。每季的第一天都从星期日开始，星期六结束。

这样算下来，一年只有364天。多余的一天怎么安排？干脆就作为新年放假得啦！闰年多一天，安排在6月底，也作为公共假日。

还有一个是《13月世界历》，主张一年13个月，每个月雷打不动4个星期。这一来，一年四季每天星期几都是固定的，就是下面这样安排：

日	一	二	三	四	五	六
1	2	3	4	5	6	7
8	9	10	11	12	13	14
15	16	17	18	19	20	21
22	23	24	25	26	27	28

全年364天，一个月28天就是这样安排的。多余的一天就是新年，闰年多两天，统统排在一起，痛痛快快接着玩两天才带劲儿呀！

瞧呀！这么安排多么有规律，很容易记忆，"上班族"和"上学族"准会鼓掌欢迎。这一来，每年都一样，不用年年换日历，也节约了许多原材料。

喂，孩子，你也心动了吗？喜欢第一种《12月世界历》，还是第二种《13月世界历》呢？

第十七章
星期的由来

　　请问，今天星期几？

　　除了在养老院里稀里糊涂过日子的一些老爷爷、老奶奶，人人都知道今天星期几。有人可能忘记了今天是几月几号，却不会忘记今天是一个星期中的哪一天。

　　是呀！是呀！一个星期七天，从星期一到星期天，人们记得清清楚楚，绝对不会弄错。道理很简单，孩子们星期一到星期五上课，大人们规规矩矩上班。到了周末的星期六和星期天，就是休息的日子，谁会记不住呀！

　　星期、星期，人们的嘴里老是念叨着星期，可是你知道一周七天的星期是

19世纪绘画，画面主体为巴比伦主神马杜克的神塔（文化传播／FOTOE）

154

怎么来的吗？

小毛孩子说："这是老师规定的呀！"

哼哼，老师有那么大的权力，能够随便规定一个星期是七天吗？

是神通广大的玉皇大帝、阿弥陀佛规定的？是统一六国、统一度量衡的秦始皇规定的吧？

也不是的，这事比秦始皇早得多。秦始皇至今不过两千多年的历史，星期的来历几乎还有一倍长。考古学家宣布，这是四千多年前，古代巴比伦时期出现的。从出土文物发现，当时已经把一个朔望月分为四部分，每个部分不多不少都是七天，可能这就是星期的雏形了。

古巴比伦的天文学非常发达，当时观察月球运行，发现从朔到望的月相变化基本上是 29 天半。其中，朔的那一天看不见月亮，剩下 28 天，正好可以七天为一个阶段，分为四个阶段。这就是一个月中的四个星期了。

那时候，一个星期七天中，也叫作星期一、星期二，直到星期六和星期天吗？

是这么一回事，可是当时却不这样称呼。

星期、星期，"星"是星星，"期"是值班。所谓星期，就是哪一天由哪一颗星星值班呀！

古巴比伦人是这样排列一个星期的：

星期日，太阳日。在神话中，值班的太阳神叫沙马什。

星期一，月亮日。在神话中，值班的月神叫辛。

星期二，火星日。在神话中，值班的火星神叫奥尔伽。

星期三，水星日。在神话中，值班的水星神叫纳布。

星期四，木星日。在神话中，值班的木星神叫马尔都克。

星期五，金星日。在神话中，值班的金星神叫伊什塔尔。

星期六，土星日。在神话中，值班的土星神叫尼努尔达。

在他们的眼睛中，这不仅是天文现象，也笼罩着浓郁的神话氛围。古代就是古代，不可能要求得太"科学"，能够做到这个样子，已经很不错了。

噢，明白了，当时除了太阳和月亮，人们还观察到金、木、水、火、土五大行星。请它们分别当一个星期里七天的"值日生"，把一个月的时间，安排得整整齐齐、仔仔细细的，真是再好也没有了。

感谢四千多年前的古代巴比伦人给我们带来了这么好的星期制度。要不，稀里糊涂过日子，一个月还不知道怎么安排呢。

星期几，又叫礼拜几，这又是怎么一回事？

这是后来人们为了做礼拜，就把星期日叫作礼拜日，其他按照顺序叫作礼拜一、礼拜二……直到礼拜六。

小卡片

日本的星期

星期的划分，传到了日本。根据古巴比伦的划分，分别叫作日曜日、月曜日、火曜日、水曜日、木曜日、金曜日、土曜日。日本民族的模仿力很强，常常采取拿来主义。别人先进的东西，一切照搬不误就得了。星期的划分，又一次印证了日本人喜欢模仿别人的特点。

你知道吗

中国古代的"星期"

告诉你一个秘密。信不信由你，两千多年前，咱们中国也曾经使用过自己的星期制度呢！

喔，说话得要有根据，这可不是随便说的。

考古学家报告，在一件出土的西周时期青铜器上，一段珍贵的铭文把一个朔望月分为四等分。每部分7天或者8天，分别叫作：

初吉：从一个月的初二到初八，共计7天。

既生霸：从初九到十五，共计7天。

既望：从十六到二十二，共计7天。

既死霸：从二十三到初一，共计8天。

听了这样个说法，没准儿有人会问，这可靠吗？什么"既生霸""既死霸"，听着怪怪的，该不会是开玩笑吧？

不，这不是开玩笑，这是古代的一种计时单位。你不信吗？有书为证。

近代大名鼎鼎的文学家、考古学家，有名的《人间词话》的作者王国维先生，在《观堂集林·生霸死霸考》这篇文章中说："余览古器物铭，而得古之所以名日者凡四：曰'初吉'，曰'既生霸'，曰'既望'，曰

'既死霸'……二曰'既生霸'。谓自八九日已降，至十四五日也。"

瞧，这岂不说得清清楚楚，有这么一回事嘛。

既生霸、既死霸，又叫既生魄、既死魄。一个"魄"字代替了"霸"字，这就更加清楚了。

原来"魄"就是明朗的月光。既生魄就是月光渐渐亮起来，最后接近于望，一轮明月当空。一个"生"字概括了一切，表示明亮，也表示逐渐亮起来的过程。岂不是"生霸"，也"生魄"吗？既死魄是月光慢慢暗淡，最后相当于"朔"。夜空中一团漆黑，瞧不见月亮的影子。一个"死"字用在这里，再恰当也没有了，就是"死霸""死魄"了。

好一个"生"和"死"！

好一个既生霸、既死霸！

中国文化讲究推敲。仔细推敲这两个名词，不仅包含了天文学的意义，也含有浓郁的文学意味。谁说咱们古代天文学不发达，古巴比伦人创立了星期制度，我们的老祖宗也发明了这一套，包含月光变化

明月照古寺（赖祖铭／FOTOE）

的"土产星期"制度呢!

古代用月的圆、缺、晦、明记述日期,十分生动地描述了这一系列现象,是一个大发明。

再说了,在古巴比伦的星期制度里,一个月只有28天。咱们的"土产星期",一个月足足29天,更加接近真实。古巴比伦人把看不见月亮的那一天"毙"了,干脆排除在星期之外。咱们的老祖宗却包含进来,用"死魄"两个字,就说明了一切。

再说初吉和既望吧,也有文章可以做证。

《诗经·小雅》里,就有一首诗,一开头就说"二月初吉,载离寒暑",表明古时候就有这样的说法。我们熟悉的苏东坡《前赤壁赋》,开始也说:"壬戌之秋,七月既望,苏子与客泛舟,游于赤壁之下……"这里的初吉和既望,没准儿许多人都不明白。岂不统统是中国式"星期"的最好的证明。

哈哈!这种古代中国式的星期,多么有趣呀!如果你故弄玄虚对同学说,今天是既死霸,准会叫大家瞪大了眼睛,不知道你说的是什么。

这可够玄啦!你知道这一段来历,懂得其中的奥妙吗?

战国时代邳伯罍,口沿一周铸有铭文"惟正月初吉,丁亥……"字样,现存山东博物馆(俄国庆/FOTOE)

第十八章
地球自转的意外结果

地球自转的影响还有很多，偏转力就是其中之一。

很久很久以前，人们就发现，北半球一些南北向的大河，往往东岸都比较陡峭，西岸比较平缓。

1914 年的基辅（油画）（文化传播／FOTOE）

第聂伯河畔的乌克兰首都基辅就是这样的。它高高坐落在地势陡峭的丘冈上，俯瞰着脚下的大河，对面是无边无际的大草原，视野极其宽广。这是基辅大公国的古都，从来就是一座险要的城堡。谁想渡过第聂伯河从西边仰攻，可是自讨苦吃。

为什么这样？原来这是地球自转的结果。由于地球从西向东旋转，包括气体、液体、固体物质在内，沿着地面水平方向运动的所有物体，运动方向都会发生偏转。在北半球向右偏，在南半球向左偏。这种地球自转偏转力随着地理纬度降低而减小，在赤道地区为零。

法国物理学家科里奥利在1835年第一次详细地研究了这种现象，所以又叫作"科里奥利力"。

地球自转偏转力对气流和水流的影响最明显。例如赤道两边的气流向赤道流动的时候，赤道以北应该经常刮北风，赤道以南应该经常刮南风。由于受到地球自转偏转力的影响，风向就会发生改变。赤道以北向右偏，形成东北风；赤道以南向左偏，形成东南风。海上的洋流也会产生同样的偏转现象，对海上航行和沿岸气候产生重大影响。

这种偏转力的影响可大了，就连火车运行、导弹发射，也必须考虑这个问题。北半球的火车在运行中，由于右边轨道的压力比左边大些，右轨磨损得更快，需要及时注意。洲际导弹发射更加不消说，差之毫厘失之千里，就会大大影响命中目标的精确度。甚至按照国际田联的规定，长跑运动员在训练的时候，也要沿着跑道的逆时针方向，顺应地球自转偏转力往前跑，这样才能出更好的成绩，也能更好保护自己避免受伤。

说起地球自转，还有另一个有趣的现象。

由于地球自转的影响，天上的北极星也会变。很早很早以前的古人看见的北极星压根儿就不是今天的这一颗。

啊呀！不会是开玩笑吧？自古以来人们都认为北极星是准则，它在天空中的位置永远也没有变化，怎么还会变化呢？

不信，请你去查一查古埃及的天文资料吧。

在积满灰尘的4700年前的资料中，清清楚楚记录着，古埃及人眼睛里的北极星，根本就不是我们现在瞧见的这一颗，而是天龙座 α ，中国名字叫作右枢，是有名的紫微右垣七星之一。

他们弄错了吗？

那绝对不可能！古代埃及的天文学非常发达，绝不会把自己头顶上的北极星也弄错了。结论只有一个，必定是北极星自己出了什么"毛病"。

一本书是孤证，如果还有一些古代记录，那就是通证了。撇开古埃及不说，仔细研读咱们中国自己的古书，想不到也发现了同样的情况。

三千多年前的西周初期，当时的北极星是小熊座 α。它的中国名字叫帝星，是紫微垣中的一颗亮星。

紫微垣图，明代《三才图会》插画（黄金国 /FOTOE）

从隋、唐到明朝，又换了一颗北极星，是鹿豹座中一颗光线黯淡的小星星，中国名字叫天枢。

扳着手指数一下，在人类已知的历史中，我们现在看见的北极星，该算老四了，也不是永恒的。谁知道它在天空中显赫的地位，还能维持多久呢？

面对这些材料，人们不由困惑了，只好向天文学家请教。天文学家说，北极星的确不会永远不变。未来的北极星，可以提前推算出来。

根据天文学家的计算，再过 5000 年，到了公元 7000 年左右，北极星将让位给仙王座 α。中国名字叫作天钩五。

　　公元 10000 年的北极星是天鹅座 α，中国古代星图上的天津四。这是星空中有名的"北天十字架"上最灿亮的明星，比以前所有的北极星都神气得多了。

　　好戏还在后面呢！

　　公元 14000 年的北极星更加神气。那时候的北极星将会轮到天琴座 α，就是鼎鼎大名的织女星。织女星更亮，整个星空都围绕着它慢慢旋转，牛郎星也不例外。天空舞台上，牛郎围绕着织女旋转，是一幅多么动人的场面呀！

　　公元 14000 年的人们真有福气，要是我们也能看一眼，那该多好啊！

　　话说到这里，人们不禁要问，为什么北极星会走马灯似地换个不停？

　　原来这和地球自转有关系。地球的自转轴并不是静止的，总在不停地摆动着。它的延伸线在空中画着一个大圈子，指着谁，谁就是北极星。这种现象叫作地轴进动，又叫岁差。

　　这样说，似乎太抽象，让我们举一个例子来解释一下吧。

　　你玩过陀螺吗？用鞭子一抽，它就晃里晃荡转了起来。它晃了一圈又一圈，摇摇摆摆的轴线在空中画了一个大圆圈。地球自转也是这个样子。

　　不同的是陀螺转一圈，只消一眨眼的工夫。地球的自转轴在空中转一圈，周期却是 25800 年。

　　哈哈！现在我们都可以当预言家，预报未来的北极星了。

第三篇

不安分的地壳

汶川与映秀之间震中山谷地貌航拍（黄一鸣／FOTOE）

　　山在动、地在摇，大地永远静不了。这里火山爆发，那里发生地震。就是老老实实趴着不动的山冈，也一点儿不老实。瞧一瞧它们七拱八翘的地质构造，一切都明白了。

第十九章

地壳运动的痕迹

变！变！变！

世界上没有一成不变的东西，所有的东西统统在悄悄变化。

就以咱们的老地球来说，也不是一成不变的。

波涛起伏的大海，从来就没有一张固定的面孔。风云变幻的天空，更加谈不上什么稳定了。

踩在咱们的脚板底下，最最坚实的大地呢？

对不起，也在不停变化着。只不过这样的变化非常非常缓慢，除了猛烈的地震和火山爆发以外，大地变化缓慢得几乎没法察觉而已。

变！变！变！

大地也在变。

说得清楚些，地壳本身就在悄悄变化着。一天、一月、一年，短暂的人生几十年感觉不了这种变化。秦朝到现在两千多年，也很难有感觉。白胡子老爷爷见不着，千年老乌龟也不知道。可是用万年、几十万年、上百万年、千万年的尺子来衡量，结果就非常明显了。

你看，印澳板块不停向北漂移，朝着西藏方向挤压，古地中海消失了，挤压形成了雄伟的喜马拉雅山脉，而且越来越高。

你看，地壳在悄悄隆起、沉降。沧海桑田的故事，时时刻刻都在悄悄上演，留下许多证据，早就被人们注意到了。

你不信吗？有书为证。

《诗经·小雅》中，有一段话说："百川沸腾，山冢崒崩。高岸为谷，深谷为陵。"就是描述山河变化的。

喜马拉雅山脉航拍（董建民／FOTOE）

东晋葛洪的《神仙传》里，明确提到"东海三为桑田"的说法。

唐代大书法家颜真卿担任江西抚州刺史的时候，写了一篇《抚州南城县麻姑山仙坛记》，解释山上岩层中为什么有水生的螺蚌壳，认定海陆可以变迁。

北宋沈括在《梦溪笔谈》中记述说："予奉使河北，遵太行而北，山崖之间，往往衔螺蚌壳及石子如鸟卵者，横亘石壁如带。此乃昔之海滨，今东距海已近千里，皆浊泥所埋耳。"

南宋朱熹也同样发现了"高山有螺蚌壳，或生石中"的现象，记录在《朱子语类》中，进一步证明了沧海桑田的变化，的确实实在在存在着。

这样的化石产地太多了。请你仔细观察周围的山丘，说不定也能发现许许多多古代海生动物的化石呢。

地壳变化不仅有垂直升降，还有水平运动，生成了各种各样的地质构造。

垂直升降很容易懂，就是一大片地方好像乘着电梯似的上升下降。

在地壳上升的地方，一层层平平的岩石高高抬起来，形成了大大小小桌子一样的山丘。非洲最南端的好望角旁边就有这样一座山，自古以来就是这儿的特殊标志，从海上老远就能望见，人们干脆就把它叫作桌山。咱们中国也有许

江苏南京方山地貌（黄旭／FOTOE）

多类似的山丘，取名叫作平顶山或者方山。黄河河套地方的桌子山，南京附近的方山，统统是这种水平地质构造形成的桌山。在四川盆地里，这种水平构造形成的山丘特别多。其中，重庆北边不远的地方，嘉陵江边有一个钓鱼城，就是修建在一座三面临江的方山上。南宋末年，一支宋军就是利用这种易守难攻的地形，抵挡住了横扫一切的蒙古骑兵，打死了蒙古的蒙哥大汗，迫使蒙古第三次西征的大军撤兵。

如果不是垂直升降，而是一边高、一边低的倾斜抬升呢？

那就是另一种单斜构造，所形成的山地也是一边高高耸起、一边低低倾斜，地质学家给它取一个名字，叫作单面山。成都北边号称"剑门天下险"的剑门关，《三国演义》中描写当年蜀汉名将姜维就是利用这种险峻的地形，在这里抵挡住锺会带领的曹魏大军。

四川省广元市剑门关（阎建华／FOTOE）

水平运动的形式很多，包括挤压、拉伸、平移甚至旋转等各种各样的形式。前面说的喜马拉雅山脉隆起，就是水平挤压的结果。

请你做一个简单的实验吧。

在桌子上平放一沓纸，或者一沓手绢，从旁边轻轻一挤压，一个特殊的褶皱构造就完成了。如果是一张宽阔的桌布，没准儿还会生成好几个拱曲。拱起的部分叫背斜，凹下的部分叫向斜。一般背斜成山，向斜成谷。雄伟

观察地质构造

作业本

请你仔细观察各种各样的山丘，特别注意岩层表现的情况，判明它们属于什么地质构造。

地质运动的遗迹——新疆准噶尔盆地五彩湾 （宋士敬／FOTOE）

的长江三峡就是长江穿过好几个背斜生成的一连串幽深峡谷。

地壳运动中，有时候还会啪地一下断裂开，这就是断裂构造了。五台山、峨眉山，都是这样生成的断块山。西欧美丽的莱茵河峡谷，就是沿着陷落的地堑谷地，往前继续流淌的。

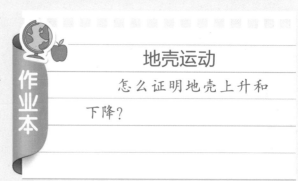

地壳运动

怎么证明地壳上升和下降？

啊呀！不看不知道，一看吓一跳。仔细观察我们的周围，想不到几乎到处都有遥远地质时期地壳运动留下的各种各样的地质构造。

大地不是静止不动的，而是在不停运动。

运动是大地的常态，就像我们永不停息的呼吸。

湖北兴山县高岚风景区，峡谷岩石地貌（许铁铮 /FOTOE）

第二十章

大地的"烟囱"

神秘的《易经》里，冷不丁冒出一句话："山下有火。"

山就是山，山上的石头冷冰冰的，怎么会有火？人们觉得有些奇怪，是不是弄错了？

《易经》没有错。

另一本古书也说："地有火，明于内，暗于外。"

这话是什么意思？

说的就是地下真的有火，在里面烧着，外面看不见。

哦，这岂不就是我们说过的地下岩浆吗？地下岩浆熊熊燃烧，外面当然感受不到。

这是什么山？

这就是火山嘛。

《山海经》里曾记载："南望昆仑，其光熊熊。"描述那儿"有炎火之山，投物辄燃"。20世纪50年代，昆仑山脉西段一座火山喷发。《山海经》里说的"炎火之山"，很可能就是它，证明咱们的老祖宗早就知道这座火山了。

啊呀！火山，说起来好吓人。世界上许多恐怖的火山喷发，至今想起还使人心惊胆战。

火山爆发的破坏力量很大，超过了人间的一切爆炸。世界上最厉害的原子弹、氢弹爆炸和它相比，简直就是小巫见大巫。

1883年，印度尼西亚的喀拉喀托火山喷发，就是一个活生生的例子。

这是一个火山岛，坐落在爪哇岛和苏门答腊岛之间的海峡里，历史上曾经不断喷发，是一座有名的活火山。1883年发生了一场大爆发，炸掉了大半个岛，喷出的气体和炽热的火山灰冲上了 80 千米的高空，撒布在半径大约 237 千米的范围内，震动了整个世界。四五千千米外，印度洋上的毛里求斯，也听见了爆炸的剧烈声响。有人形容是"声震一万里，灰撒三大洋"，一点也不错。

这次爆发还引起了强烈的地震和海啸。卷起的狂浪有好几十米高，超过十多层的楼房。汹涌的海水侵入附近一些岛屿内地，摧毁了数百个村镇，夺去 3.6 万多人的生命。波涛一直冲到印度和澳大利亚，甚至到达了南非好望角和遥远的西欧海岸。几千艘船只还没有弄清楚是怎么一回事，就被汹涌的狂浪掀翻沉没，实在太可怕了。

公元 79 年 8 月 24 日，意大利名城那不勒斯附近的维苏威火山爆发，也是一个叫人心惊肉跳的例子。随着火山猛烈的喷发，滚烫的岩浆向山下溢流，火

1944 年 3 月意大利维苏威火山大爆发（文化传播／FOTOE）

俄国画家布留洛夫的油画《庞贝的末日》（文化传播／FOTOE）

山灰铺天盖地降落下来，整整下了八天八夜，湮没了山下的庞贝古城。城内居民来不及逃跑，几乎全都成为特殊的"化石"，发掘出来后，显示各种各样的姿势。有的在奔跑中跌倒，有的蜷缩成一团躲在角落里，也没有逃脱被吞噬的命运。最悲惨的是一个年轻的妈妈，临死前双手紧紧护住身边的孩子，双双倒在地上，传递出伟大的母爱。

与庞贝古城一起被毁的，还有附近另一座城市埃尔科拉诺，它是古罗马贵族在海边休闲度假的地方。这是在庞贝古城被掩埋的同时，被暴雨冲来大量泥浆掩埋的，慌张四散奔逃的人们，很少有人逃出来。

我国也有火山活动的记载。明朝大旅行家徐霞客到云南西部腾冲考察，仔细描写了万山丛中的打鹰山，就是一座标准的火山。清朝有一本《宁古塔记略》，记述了黑龙江五大连池火山在18世纪的一次喷发，描述当时的情景"烟火冲天，其声如雷，昼夜不绝，声闻五六十里，其飞出者皆黑石硫黄之类，经年不断……热气逼人三十余里"，也是很好的例子。

瞧着这些事件，人们不禁会问，火山喷发到底是怎么回事？

《易经》不是说过了嘛，这是因为"山下有火"。地下岩浆一旦冲出地壳，就形成火山喷发了。

这是地下岩浆冲出地壳的现象。火热的岩浆在巨大的压力推动下，沿着裂隙冲出来，自然会生成火光，发出打雷似的响声。滚烫的岩浆顺着山坡往外溢流，遇到什么就烧毁什么。加上从空中喷射出来的无数岩块和火山灰的袭击，会造成很大的灾害。

瞧，火山喷出来的有大大小小的岩块、火山灰，也有一股股有毒的气体，会对人们造成很大的伤害。熔融的火山岩块抛进空中，冷凝后常常形成两头尖尖的梭形，和一般的石块不一样，叫作火山弹。

碎裂的火山弹，广西北海涠洲岛（杨兴斌／FOTOE）

海边火山喷发的时候，常常喷出许多黑褐色的浮石，随波逐流漂浮在海上。有的还是滚烫的，接触冰冷的海水，还会冒出青烟，发出刺啦的响声呢！

为什么浮石可以浮在水上？因为它里里外外有许多气孔，占体积的30%左右，里面好像有许多摔不破的小气球，当然就可以浮在水上。

为什么浮石有许多气孔？这是因为火山喷发时，来不及散发的空气生成的。人们给它取名浮石，真是再恰当不过了。因为它的样子很像蜂窝，所以又叫它蜂窝石。

浮石是天然的多孔建筑石材，用它作为建筑材料，再好不过了。用浮石砖砌的墙壁，可以隔热、隔音，质量非常优良。

非洲尼日尔河边的渔民干脆用它制造小渔船，不仅可以放心坐在船上，而且由于它比木头坚硬，瞎了眼睛的鳄鱼咬它一口，准会硌掉牙齿。

为什么有的火山喷发非常厉害？

这和岩浆冲出来的火山通道是不是畅通有密切关系。

想一想，如果岩浆很黏很稠，火山通道又很狭窄，就很容易发生堵塞。地下岩浆想冲开它，得要聚集很大的力量才行。砰地一下冲开，就是一场大爆炸了。

其实，火山喷发也不是全都这么猛烈，还有一种宁静式的喷发。因为火山管道没有堵塞，加上岩浆不是那么黏稠，炽热的岩浆好像煮沸了的米汤从饭锅里溢出来似的，顺着山坡缓缓流动，还能吸引人们尽情观赏呢。

地下岩浆喷发也不一定集中在一个点，形成一座座突起的火山。也有顺着一条很长的裂缝往外溢流的，那就是另一回事了。

世界上的火山并不都是可怕的活火山，还有睡着了的，正在休息的呢。

睡着的火山是死火山，只在很早以前的地质时期活动过，历史上从来也没有记录过它的活动。别瞧它们朝天张着大嘴巴，模样儿怪吓唬人的，其实这种火山早就睡着了，一点也不用害怕。

山西大同东边有一个火山群，散布在桑干河两岸，早被人们注意了。从前北京大学地质地理系看上了这里，干脆就在这儿建立一个实习站。

1957年，我还在北京大学工作的时候，奉命考察华北平原，出发前在河北省和山东省的两本古代县志上发现，渤海湾的广阔冲积平原上，竟有两座"石头山"的记录，感到非常奇怪，前往现场观察。不看不知道，一看才发现是两

山西大同，火山遗址（梁铭／FOTOE）

座火山。一座有 50 多米高，火山锥保存得很好。另一座高 38 米左右，是一个巨大的破火山口，火山口直径非常大。由于从前的强烈爆炸，火山口已经炸掉了一半，留下一半耸立在平坦的大地上，好像是弯弯的新月。

这儿距离天津不远，不会影响天津的安全吗？

不会的。它早就"死"了，不仅没有危险，还是一个特殊的旅游景观呢。天津附近自然景观平淡无奇，有幸有这么两座无害的死火山，干吗不赶快开发作为旅游资源呢？听说现在其中一座已经开发出来了，那就加强宣传的力度吧。

告诉你吧，南京附近也有许多同样的玩意儿。从近郊有名的方山，直到安徽明光等地，散布着一座座死火山，保存非常完好，向来就是观光的好地方。因为南京附近的景点太多了，所以这些火山遗址没有引起人们的关注。

火山家族中，难道除了"死"就是"活"，没有别的种类吗？

有呀！虽然现在没有活动，历史上曾经活动过的，叫作休眠火山。虽说是休眠，没准儿什么时候还会醒来，冷不丁重新活动，对它也要提防一手才好。

世界上稀奇古怪的火山和相关的岩浆活动很多，让我们再看几个有趣的例子吧。

公元9世纪，一些北欧诺曼海盗被风暴卷到遥远的冰岛。他们第一眼瞧见的，是一个冒着白烟的奇怪海湾，给它取名叫作"雷克雅未克"，意思就是"冒烟的海湾"。

冰岛也有火山活动，蕴藏着丰富的地热资源。那些海盗看见的白色烟雾，就是地热出露的标志。

明代著名旅行家徐霞客到云南腾冲考察，走到火山附近的硫黄塘，远远望见峡谷里冒出一片浓密的白色烟雾，空气中到处弥漫着刺鼻的硫黄气味，池中热泉像沸腾似的，咕噜咕噜冒着气泡。不消说，这也是一处和火山活动有关的地热田。

地热田是地壳深处的地热出露的窗口，除了火山活动地区，有很深的地裂缝分布的地方，也能生成同样的现象。

西藏的羊八井地热田就是一个例子。这儿位于两个板块的结合带附近，有很深的地裂缝直通地下，冒出一股股热气腾腾的蒸气柱，一团团白色烟雾把整个洼地笼罩住。地上热水到处溢流，和雷克雅未克、腾冲硫黄塘完全是一个样子。

羊八井地热田每年散发出的热能相当于燃烧45万吨煤的热量。这样宝贵

西藏那曲羊八井地热田（邝然／FOTOE）

的资源白白浪费了多么可惜，人们就在这儿建起了一座发电站，这是我国最大的地热发电站。

你吃过火锅吗？

自然界里也有天生的"火锅"，那就是罕见的岩浆湖。

最有名的岩浆湖，藏在夏威夷岛的基拉韦厄火山口内。

基拉韦厄火山海拔1200多米，是岛上的第二大火山。山顶有一个直径大约4千多米、深100多米的火山口，好像是一口大锅。值得注意的是，"锅"底还有一个更深的杯形洼地，里面装满了滚烫的岩浆，这就是岩浆湖了。

可别小看了这个岩浆湖，它的直径就有600多米，可以摆进好几个足球场。当地的土人把它叫作"赫尔莫莫"，就是"永恒的火宫"的意思。传说这里是火山女神佩莉的家，自古以来就受到人们顶礼膜拜，把它当成是一个圣地。

太平洋基拉韦厄活火山（成兴邦/FOTOE）

说它是湖，却和我们常见的湖泊大不一样。

它的表面总是漂浮着许多凝固和半凝固的熔岩块，就像煮开了的火锅似的，不停地上下翻腾着。湖面时而上升，时而下落。人们站在旁边，就有一股炙人的热气迎面扑来。

当火山强烈活动的时候，这个滚烫的岩浆湖就更加充满活力。这儿、那儿，到处喷起一股股火红的岩浆，像喷泉一样笔直地射向天空。飞起的汁液随风飘散，在空气中冷凝了，变成一根根头发一样的细丝散落下来。湖心一股股岩浆高高掀起，一直涌出火山口，顺着山坡往外面溢流，生成十分壮观的岩浆瀑布和岩浆流。火山口内的岩浆湖也翻腾得更加厉害。这时候，谁也不敢走到它身边去观赏了。

有人说："瞧，火神从地下钻出来了，他的头发在天上随风飘扬呢！"没有科学知识的人瞧见了，会吓得半死，谁还敢不相信呢？

不用说，这个湖里边没有一条鱼、一只虾，也没有一根漂浮的水草，这是一个名副其实的天然"火锅"，哪里是什么"湖"呢！

科学家把它称为岩浆湖，又叫熔岩湖。它的"湖盆"，就是火山口；"湖水"，是炽热的岩浆。

原来，这种湖底下有连通地下深处的火山通道，燃烧得滚烫的岩浆可以源源不断涌流出来，补充"湖水"，这是和一般湖泊的一个很大的差别。世界上有许多大大小小的岩浆湖，其中，扎伊尔的尼腊贾戈火山，埃塞俄比亚的埃尔塔阿勒火山，尼加拉瓜的马萨雅火山，其岩浆湖都很有名气。在南极大陆的埃里伯斯火山口内，也藏着一个冒着烟的岩浆湖呢！这个湖与周围冰天雪地的景观显得格格不入，是自然界里的一大奇观。

不过，别的岩浆湖可不像基拉韦厄岩浆湖那样长盛不衰，它们的寿命都很短。当火山活动停止后，湖面的岩浆就像灭了火的火锅一样逐渐冷却下来，结束了自己的生命。

世界上什么地方火山最多？

那就是最有名的太平洋"火圈"呀！

太平洋西边有一串火山链，从堪察加半岛开始，由北向南伸展，包括库页岛、千岛群岛、日本列岛、琉球群岛、中国台湾、菲律宾和印度尼西亚等一连

串大大小小的岛屿，共同组成一个滚烫的火山链。

太平洋东边也有一串火山链，从阿留申群岛开始，经过阿拉斯加到南美洲最南端的火地岛，甚至一直延续到南极大陆，在东边包裹着太平洋。

太平洋东边还有一道火山墙，在美洲西海岸的高大山脉里，从北美洲的落基山脉，经过中美洲的高原群山，直到南美洲雄伟的安第斯山脉中间，也有许多经常活动的火山。它们藏在连绵不断的山岭里，真的像是一道天然的火山墙。

瞧呀！在这世界上最大的大洋周围，套着一个巨大无比的"火圈"，多么壮观呀！

瞧着这幅奇异的图景，人们不禁会问：这个"火圈"是怎么生成的？

去问地球老人吧。这是太平洋板块和两边的陆地板块交界的地方，有又深又长的地裂缝，岩浆容易溢流出来。这里不仅有许多火山，而且还是经常发生地震的地方，所以叫作环太平洋火山、地震带。

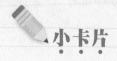 小卡片

泥火山

呵呵，听着泥火山这个名字，没准儿就会有人望文生义，以为这也是火山的一种。

不，不是的。泥火山就是泥火山，和可怕的火山没有关系。好像壁虎不是老虎，虱子不是狮子，不能混为一谈。

我国台湾省的高雄附近，就有许多小小的泥火山，是当地很有名气的旅游观光对象。我满怀兴趣地观察了这些泥火山，真有趣极了。

这种泥火山多半发生在地下有天然气分布的地方。天然气受到挤压，就会带着泥浆喷射出来，是寻找石油、天然气的一个很好的方法。有时，火山蒸气和别的地下气体也能向外喷发生成泥火山。有的泥火山喷发也很猛烈，还能造成轻微的地震。

因为它们只会冒气、冒泥浆，不会喷出火焰，有人轻蔑地叫它"呕吐山"，压根儿就不把它放在眼里。

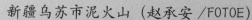

新疆乌苏市泥火山（赵承安/FOTOE）

第二十一章
地下鳌鱼翻身

地震！地震！时不时传来一次次地震的消息，吓得人心惊肉跳。

地震是恐怖的自然灾害，提起地震就伤透了脑筋。自古以来它就困扰着人们，人们一直想弄清楚到底是怎么一回事。

古人说，这是地下的鳌鱼翻身。一条巨大的鳌鱼在地下一动，地皮就会剧烈震动起来了。

四川广汉三星堆博物馆里，有一个三四千年前奇异的青铜神坛，表现出想象中的天堂、人间、地下"天地三界"。我认为这就是一个别开生面的龙门山地震模型。地下有两只怪兽驮住大地，如果它们受不住了，只消轻轻动

四川广汉三星堆青铜神坛（局部）（鸥戈 /FOTOE）

一下，就会发生猛烈的地震。这个神话太有趣了。想不到印度也有同样的传说，认为三只大象站在鲸背上，鲸在大海里巡游，好像叠罗汉似的驮着上面的大地。如果大海、鲸、大象三者之一动一下，就能引起可怕的地震。当时的人们如果没有丰富的亲身经历，绝对不可能设计出这样的东西。

不，地震当然不是这么一回事，和什么地下怪兽、鲸、大象没有关系。这是地壳本身活动引起的，别说得那么神神秘秘的，好像是不可捉摸的神话故事。

要知道，大地并不是老老实实，动也不动一下。只要大地一震动，就发生地震了。

为什么会发生地震？原因可多了。

地质学家说，根据不同的生成原因，地震主要划分为五种。

第一种是构造地震。这是地下岩层突然发生破裂或错动引起的。岩层破裂就会发出一种向四周传播的地震波。地震波传到了地表，就会引起地面震动，这就是地震了。世界上

汶川地震后，汶川县一带塌方的山体（黄一鸣/FOTOE）

182

85%～90% 的地震以及所有造成重大灾害的地震都属于构造地震，2008 年 5 月 12 日发生的 8.0 级汶川大地震就属于这一类。

第二种是火山地震，火山爆发当然会引起地震，可是火山爆发本来就不多，这实在太少太少了。你家旁边有火山吗？最多有一家火锅店、卖火烧馅饼的摊子。别见着一个"火"字就疑神疑鬼，以为是发生地震的潜在威胁。

第三种是水库地震。这是水库蓄水，或者沿着岩层破裂带向下渗水，在库区引起的一种很小的地震，也算不了一回事，更加不会造成隔得很远的地方发生大地震。汶川大地震发生后，有人说是遥远的长江三峡水库引起的。这是胡说八道的谣言，千万别相信。

第四种是陷落地震。想一想，地面忽然轰的一声陷落下去，还不会引起小小的震动吗？这往往发生在喀斯特地貌发育的石灰岩地区，以及一些矿洞崩塌等突发事件。

还有一种是人工地震。核爆炸、猛烈的爆破，也会引起地皮震动一下子，也就算是小小的地震了。要知道，人工地震并不都是破坏性质的。地质队员常常故意制造一次地下爆破，利用它发散的地震波，遇着不同物质反射回来的信息，可以研究看不见的地下构造，还可以帮助找矿呢。这是地球物理方法的一种，是人们探索地球秘密的"好帮手"。

请你记清楚啦，这些地震类型中，除了构造地震，别的影响范围都很小，造成的地面损失都不大，放心在家里睡大觉吧。

以最常见的构造地震来说，这是地球内部缓慢积累的能量突然释放出来，引起了地球表层的震动。当地球内部在运动中积累的能量对地壳产生的巨大压力超过了岩层所能承受的限度的时候，岩层便会突然发生断裂或错位，使积累的能量急剧释放出来，以地震波的形式向四面八方传播，就形成了地震。常常突如其来，来势非常凶猛。一次强烈地震过后，往往还会伴随一系列较小的余震，时间延续很久很久，许多年也不会平息。

在人们的回忆里，一次次破坏强烈的大地震实在太恐怖了，留下了深刻的印象，说起地震就害怕。

地质学家说，怕啥呢？这是一种常见的地质现象，就是地壳震动嘛。如果说得夸张些，就像我们的呼吸一样，有什么好害怕的？

汶川地震后，成都通往映秀镇的大桥垮塌（黄一冰／FOTOE）

喔，越说越玄乎了，可怕的地震竟像人们的呼吸。呼吸每分每秒都在进行，如果地震也分分秒秒发生，那还了得！

地质学家说，别急呀！我还没有把话说完呢。其实地震一点也不稀罕，是一种很普通的自然现象，真的像是人们的呼吸，几乎随时都有地震发生。一天有1万多次，一年大约500万次。可是绝大多数的地震的震级都很小，人们压根儿就感觉不到，只有灵敏的仪器才能记录下来，叫作无感地震。人们可以感觉的地震叫作有感地震，每年大约有5万次，占地震总数的1%左右。这些地震也不都造成破坏。根据统计，能够造成严重破坏的7级以上的地震，全世界每年只有20次左右，有什么好害怕的？

我家在都江堰分流出的一条小河边，我的工作台就在临河的五楼阳台上。从2008年汶川大地震、2013年芦山大地震以来，数不清的大大小小的余震不断，坐在晃晃摇摇的阳台上，感觉特别明显。从震动的方向，就可以大致判定来源了。不信，请你也试一试，仔细判定地震的方向。结合相关的地理观念，也能大致分辨出级别大小。2013年4月20日芦山大地震突然发生，我身边的东西噼里啪啦往下直落，电脑桌和椅子也猛烈摇晃个不停，好像海上风浪中的小船似的。我知道这是一个大家伙，从震动方向来自南边，可能是龙门山中南段，距离这里很远，不会有太大的危险。安坐在桌前不动，通过电脑向朋友们发出一个系列报道，也很有趣呢。

瞧吧，这样猛烈的有感地震也没啥，别的还有什么可怕的？特别是只有仪器才能记录的无感地震，就是没有感觉嘛，比轻轻晃动的摇篮还柔和些。请问你，躺在摇来晃去的摇篮和吊床里，也会害怕吗？如果连这样的晃动也害怕，岂不叫人笑掉了大牙。

人们不放心，接着又问，大地那么宽广，地震发生在什么地方？

地质学家说，一般都发生在地壳破裂的地方。地壳没有破裂，

河南焦作云台山红石峡断层（谭伟/FOTOE）

就很少有地震发生了。

哦，地壳破裂的地方就是断层。地壳上到处都是横七竖八的断层和断裂带，简直就像天罗地网，想躲也没法躲开，可危险呀！

地质学家说，这有什么好怕的。你瞧见过开裂的木板吗？也横七竖八到处布满了裂缝，有什么稀奇的。

断层有深有浅，有长有短。巨大的地震发生在地壳深处，和深长的断裂带有关系。那些短的浅的，连地壳的皮也没有裂开多少，有什么可怕的？

人们问，常常听说一次地震是几级、几级，一会儿又说几度、几度，把脑袋都搞晕了。是不是播音员说错了，还是我们没有听清楚。这个几级和几度是一回事吗？

地质学家说，不，这不是一回事。

地震震级表示一次地震释放能量的大小，由震源发出的地震波能量决定。一次地震只有一个震级。每增大一级，能量大约增加 32 倍。迄今世界上观测到最大的地震是 8.9 级。一个 7 级地震，相当于近 30 个两万吨级的原子弹的能量。

地震烈度是地面和建筑物遭受破坏的程度。按照强弱不同，可以分为 12 个等级，也就是 12 度。一次地震发生后，随着距离震中的远近，不同地方可以有不同的烈度。

地震烈度和震级不是一回事。例如地震烈度 7 度，就和 7 级地震相差十万八千里。千万别弄混了，自己吓唬自己。

一次强烈的地震影响范围有多大？不消说，震级越大，影响范围越大，但是却要受震源深度的影响。一般说来震源越深，影响范围越大，在地面造成的破坏相对小些。震源越浅，影响范围越小，可是在地面造成的破坏却相对比较大些。

根据震源深度，可以划分为三类。

浅源地震发生在 70 千米以内。一年中全世界所有的地震释放出的能量，大约有 85% 来自这种类型，其中绝大多数又集中在 5 ～ 20 千米范围内。

中源地震发生在 70 ～ 300 千米内，一年中全世界所有的地震释放出的能量，大约有 12% 来自这种类型。

深源地震发生在 300 千米以上的地下深处，这种类型比较少。

世界上什么地方地震最多?

一个是环太平洋地震带，从西边的新西兰，经过印度尼西亚东部、菲律宾、我国的台湾省、琉球群岛、日本列岛、千岛群岛、堪察加半岛，连接东边的阿留申群岛、北美洲、中美洲和南美洲的太平洋沿岸。世界上绝大部分地震都集中发生在这里，所释放的能量大约占全球的 76%。

另一个是喜马拉雅—地中海地震带。从印度尼西亚西部，经过缅甸、我国云南西部、四川西部的横断山脉、西藏南部的喜马拉雅山脉，越过新疆西南部所在的帕米尔高原，经过阿富汗、中亚南部、伊朗北部、高加索山脉，直到包括希腊、意大利等国在内的地中海地区。这个地震带所释放的能量大约占全球的 22%。

让我们做一道简单的数学题，76% + 22% = 98%，剩余的只有 2% 左右，

全球地震带、板块及 20 世纪重大地震分布图 （中国国家地理网／FOTOE）

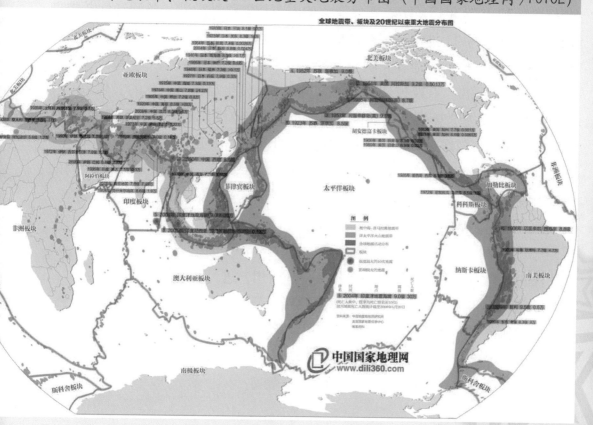

相对就少得多了。在这2%之中，又主要集中在一些板块接触的活动性断裂带，汶川大地震就是其中之一。你家只要不在这一大圈地震带上，就更加可以放心了。

从许多历史记录分析，一些地震发展是有方向性的。

例如《宋书》记载，在南北朝时期宋孝武帝大明六年（公元462年）"七月甲申地震有声，自河北来鲁郡，山摇地动"。可以看出这场地震是先从河北开始，然后传播到山东，方向性非常明显。

另外，《清史稿·灾异五》记载："康熙四十八年（公元1709年）九月初二日，保德大震。十二日凉州、西宁、固原、宁夏、中卫地震，伤人。靖远大震，塌民舍二千余间，城墙倒六百六十余丈，压毙居民甚多。"把这些地方联系起来，也可以看出这场地震首先发生在陕北保德，然后大致沿着北东东向传递，线路十分清楚。《宋史·五行记》记载"乾道二年（公元1166年）九月丙午，地震自西北来"等，似乎都表现出一些地震的方向性。这样的例子举不胜举，难以一一叙述。

现代地震活动也有方向性。例如四川甘孜、炉霍一带的地震就有这种情况。从1811年到1973年，多次破坏性地震的震中位置总是沿着一条活动性断裂带来回迁移。2014年11月25日发生的康定地震，也是这条叫人头疼的断裂带作怪。

地震一旦发生后，地震波就会沿着断裂带迅速传递，直到另一头。我给它取一个名字，叫作"跷跷板现象"。汶川大地震发生后就是这样的。南边的震中地方发震后，顺着断裂带传播得很快。一旦遇着有横向断裂交叉干扰的地方，就会激发新的"爆炸点"。北川是这样，青川也一样。所以那时候我说，赶快把注意力放在这条北北东—南南西走向的龙门山断裂带的北边，与东西走向的秦岭断裂带的四川、甘肃、陕西交界的地方，那里会有麻烦，就是这么一回事。

地震来了，真的就天崩地裂，摧毁了一切吗？

那才不见得呢！

汶川大地震发生后，我立即从北京赶赴四川，进入现场第一线考察。

顺便说几句，当时一些朋友力阻我返回，就留在北京避难。我的一个研究生也要我到杭州去躲避。说什么侥幸逃出来了，就不要回去。已经退休了，不要再管闲事了。

大家替我想一想，此时此刻我能够这样做吗？

汶川地震后从山上滚落的巨石（魏德智／FOTOE）

　　退休是国家制度必须遵守。可是在这危难时刻，还有什么退休不退休的说法吗？

　　我是新中国培育出来的第一代地质工作者。养兵千日，用兵一时。在这样的时刻，能够忘记自身的职责退缩不前吗？古时用兵上阵，岂不有"惊慌恐惧者，斩！退缩不前者，斩！"这样的规定吗？

　　我想也没有多想，就在第一时间赶回去了，一直在第一线工作。虽然受了两次小小的伤，但是先后经沈阳军区野战医院、兰州军区野战医院处理后，继续工作，没有停息。在此期间，正好有一个企业家提出，邀请我为顾问，前往老挝湄公河流域开采沙金矿，并提出技术入股分成的建议。黄金虽然有诱惑力，可是请大家为我想一想，这时候我能接受这样的邀请吗？我毫不犹豫谢绝了他的好意，转身重新投入了地震工作。

　　我掂量自己的力量，救人肯定不行，弄不好还会给别人添乱。就给自己定下任务，不如抓住这个机会，仔细观察地震发生的过程，为防震抗震，以及灾

汶川地震中倒塌的楼房（刘剑伟／全景网）

后重建积累宝贵的第一手材料。说话必须负责，特别是这样重大的事件，防震一句话说错就会出问题，灾后重建一句话说错，就会浪费资金，造成重大损失。不能像某些人一样，不着边际夸夸其谈一番，炫耀自己后就走人。

于是我除了普查整个灾区外，选择守候在断裂带旁边，等候一次次余震到来。断裂带旁边，地震的时候站也站不稳。破坏最严重的是断裂带本身穿过的地方，范围并不算太大。许多地方距离断裂带不过几百米，只要基岩完整，不属于破坏性的地质构造，加上植被良好，往往青山依然，没有太大的改变。

这次大地震期间，我进入安县山中一个灾区调查，指出地震波沿着断裂带传递，破坏主要集中在这条带上。一个陪伴的乡干部立刻接口说："说得对！那时候觉得地皮像波浪一样飞快起伏，站也站不稳。好像传电一样，一直传向远处。"

这样的现象，古人早有记录，有的描写"人如坐波浪中，莫不倾倒"，有

汶川地震漩口中学遗址（谭伟／FOTOE）

的形容"觉卧榻撼如乘舟迎海潮"，有的说"恍如空中旋磨蚁，又似弄舟江心里"，有的叙述脚下"其土虚浮，践之即陷"，甚至牛马也"伏不能起"。

为什么发生地震的时候站不稳，甚至觉得脚板底下的土地也像是陷落下去了？这是地震波的影响。横波形成水平晃动，会使地面飞速来回摇晃。加上纵波形成的上下跳动，当然更加站不稳脚跟了。

地震造成损失的原因很多，不能全怨地震本身，也得看看人们自己的责任。

仔细看地震引起的人员伤亡，很多是建筑物本身的原因造成的。

一种情况是建筑质量太差的"豆腐渣工程"。1999 年 8 月 17 日凌晨，土耳其西部海港城市伊兹密特发生的一场 7.4 级地震就是这样的。包括一些学校的宿舍楼在内，许多房屋纷纷倒塌，造成将近两万人死亡。事后发现建筑材料严重不符规格，水泥标号不达标，混杂了大量沙子。承重的屋梁和柱子的钢筋还没有一根铅笔粗，甚至完全没有捆扎。在强烈的地震波冲击下，这样的豆腐渣工程遇着地震不垮塌才是怪事。土耳其总理下令调查，依法追究这个学校的黑心建筑承包商的责任。汶川大地震后，我爬进建筑废墟检查，发现有的垮塌建筑物也有类似的问题。预防地震破坏，必须狠抓建筑质量，一点也不能粗心大意。

另一情况是地基有问题。1960年2月29日摩洛哥海滨城市阿加迪尔，一次区区5.8级的地震，竟毁灭了整个城市。这座仅有3.3万人的城市，竟有1万多人死亡，受伤的更多得数也数不清。原来由于地基不牢固，一些房屋直接修建在沙滩上，不法奸商粗制滥造的房屋不垮塌得稀里哗啦才奇怪了。

1999年台湾"9·21"大地震，我过去实地考察时，发现日月潭边从前蒋介石的一座别墅，竟垮塌得无影无踪了。这样重要的建筑物，质量不会太差。原来这是地基有问题，引起一场滑坡造成的。古人说，皮之不存，毛将焉附？

四川地震灾区，救援人员在废墟中争分夺秒挽救生命（黄一冰／FOTOE）

就是这个道理。必须汲取教训，绝对不能把建筑物修建在地基不稳的地方。台湾这次地震破坏很严重，神圣的寺庙也免不了。可笑的是一些菩萨神像，也暂时搬进了地震棚避难。真是泥菩萨过河——自身难保呀！

给我印象最深的是地处台中市雾峰乡的光复中学的地震现场。一条断层正好穿过这个学校，从一侧的公路，到另一侧的河岸，包括运动场在内，形成一道高约 1 米的陡坎，校内建筑基本完全破坏。听说这里已经设立了"九二一地震教育园区"，永久保存下来。有趣的是校门对面一个小屋，正好在断层陡坎边。整个屋子被高高抬起，却没有丝毫损坏。房主张太太告诉我，只是吓了一大跳，家人都没有受伤，简直就是一个奇迹。

美国加州有一座屋子更加奇怪，似乎被一只看不见的大手撕扯，墙基和墙

地动仪复原模型（尹楠／FOTOE）

面产生裂痕，一年年越来越大，最后终于错位裂开了。原来它正好修建在著名的圣安德烈斯大断层上。这是一条活动强烈的地震带，曾经造成包括1906年旧金山7.8级地震在内的历史上许多大地震。房主自己和自己过不去，非得要把房子修建在这儿，岂不是自找的吗？

地震可以预报吗？这话很难回答。

要说可以，世界上许多大大小小的地震，几乎都没有预报。

要说不可以，有许多地震又的确有预报。其中，有的预报很准确，有的稍微差一些。有的早就有远期、中期、近期预报，有的临震前才发出消息，情况十分复杂。

把这些情况统统归纳起来，只能说地震有可能预报，但是并非每一次地震都能够预报，而且预报得那样确切。

一次地震发生后，人们往往会提出一个问题。为什么事先没有预报？在关键时刻早说一分钟也好呀！

人们这样提问是可以理解的，因为大家习惯了每天晚上《新闻联播》后的《天气预报》，一下子遇着地震，自然也习惯性地提出了同样的问题。自以为地震也可以像天气一样，预先知道"多云""雷阵雨"什么的，提前做好准备，减少不必要的损失。由此而产生一些对有关部门的抱怨情绪，也是完全可以理解的。

抱怨归抱怨，不太可能还是不太可能。这是由于人们知天、不知地。要知道，地震预报不是天气预报，不确定因素极多，有时候简直难于上青天。

天气预报还好办，可以看天、看云、看各种各样的观测资料，做出比较准确的判断。

地震预报就完全是另一码事了。发生在地壳深处的地震，看不见也摸不着，总不能像《封神演义》里的土行孙一样，钻进地球肚皮里去打探情况吧？

常言道，天有不测风云。天气预报有时候也会有疏漏，把下雨错报为大晴天，把大晴天误报为下雨。弄得有的人被淋成落汤鸡，有的人烈日高照却带着雨伞到处跑，就会窝了一肚皮牢骚，埋怨气象预报不准确。

请想想，天气预报尚且如此，更何况地震预报了。地震预报比天气预报不知困难多少倍，至今还是世界性的难题。要想把地震预报做到天气预报一样，还有漫长的过程，请不要错怪了我们的地震工作部门。

不过话说回来，虽然地震预报很困难，也不是完全不能事先捕捉一些蛛丝马迹，发出必要的警告。我们的地震工作者也曾经成功预报过好几次，1975年2月4日辽宁海城地震预报就是一个成功的例子。

我自己也有过一次经历。那是1986年8月12日四川盐源5.2级地震发生前，我担任四川凉山彝族自治州的科学顾问，参加了一次在西昌紧急召开的地震震情会商会议，听取当地地震部门分析，得知即将在西南方向的盐源、木里地区发生中强震。第二天我就乘坐一辆北京吉普飞快翻过险恶的磨盘山，往山中深处的盐源县赶去。结果这次地震发生在梅雨乡，也算是一次比较成功的预报。我也因此经历了一次在震中近旁，地震突然发生的感受。记得那天晚上，我和

反映地震时学生有序撤离情景的雕塑（黄金国／FOTOE）

一位连长共同睡在一个藏式碉楼中。他问我："我们部队在这里是执行命令，你在这个时刻来干什么？"我笑着回答："也是命令和任务呀！"地质工作者是建设时期的游击队，工作和生活常常就是这样的。

此外，1970年11月8日，四川马尔康境内5.5级地震，1971年3月23日和24日，新疆乌什6.0和6.1级地震，1971年8月16日四川马边5.8级地震，1972年1月23日云南红河5.5级地震，1973年2月6日四川甘孜7.6级地震，1974年6月15日云南永善5.2级地震等，都曾经成功预报，大大减少了损失。

说起地震预报，又引出了另一个问题。汶川大地震中，不明白情况的人们普遍会提出一个问题：这一次真够呛，下一次大地震什么时候会再来？面对群众的质询，我们不得不认真解答，安定人心，维持社会秩序。可是回答也得注

天津抗震纪念碑雕像（常鸣／FOTOE）

意科学性，不能随意说话。有的专家就说，这好像高压锅释放出了能量，在这次发震的龙门山要积累同样多的能量，起码要300年，有人又说1000年。这都是我非常熟悉的同事，我问他们，这300年、1000年是怎么计算出来的？由于西边的青藏板块持续向东边的扬子板块挤压，危险性总是存在的。不能单纯为了稳定住大家一时，就放松了应有的警惕。龙门山北段的地下能量一时释放了，南段还没有动静，应该把注意力转移在这里。再考虑到智利一个地方，短期内连续大震的案例。虽然我们面对的龙门山断裂带不能和智利的巨大断裂带相提并论，可也不算太小，是著名的活动性断裂带。所以我就在媒体采访时，十分含蓄地说，下一次可能很长，也可能很短。龙门山北段动了，特别要注意南段的动静。这话不幸而言中，2013年在龙门山南段，又来了一个芦山大地震。说话必须留有余地，在防震问题上丝毫不能松懈，必须建立常备不懈的观念才好。

话说到这里，人们不由得又提出一个奇妙的问题。

地震可以控制吗？

可以呀！既然强烈的破坏性地震是由于长期积蓄的巨大能量在一刹那间全部释放出来而造成的，是不是可以采取人工方法，制造一系列小震，把它化整为零，逐渐释放地下的能量呢？

从理论上这是完全可以办到的。人们已经发现，水库蓄水、油井注水采油和核爆炸等活动，都能生成一些微弱的地震。还可以有意识通过钻孔向深层地下注水，有意引发微震，化解未来强烈地震的威力。沿着这个思路发展，人为控制地震并非是不可能的事。

地震积蓄了巨大的能量，是不是也可以开发利用，叫它乖乖地为人类服务呢？

从理论上也是可以的。能量可以转换嘛。总有一天人们会想出一个好办法，把地震爆发的能量转换为电能或热能，用来发电或者干别的什么事情。

噢，这个想法太奇妙了，赶快写一篇科学幻想小说吧！

中国地震烈度表

1 度	人们无感，仅仅仪器才能记录到
2 度	个别十分敏感的人在完全静止中才有感觉
3 度	室内少数人在静止中有感觉，悬挂物轻微摆动
4 度	室内大多数人、室外少数人有感觉。悬挂物摆动，不稳器皿作响
5 度	室外大多数人有感觉。家畜不宁，门窗作响，墙壁表面出现裂纹
6 度	站立不稳，家畜外逃，器皿翻落，简陋棚舍损坏，陡坎滑坡
7 度	房屋轻微损坏，烟囱损坏，地表出现裂缝，喷沙冒水
8 度	房屋多有损坏，少数破坏。路基塌方，地下管道破裂
9 度	建筑物普遍破坏，少数倾倒，烟囱坍塌，铁轨弯曲。
10 度	建筑物普遍倾倒摧毁，道路毁坏，山石大量崩塌，水面大浪扑岸
11 度	房屋大量毁灭性倒塌，路基、堤岸大段崩毁，地表产生很大变化
12 度	建筑物普遍毁坏，地形剧烈变化

小知识

余 震

2008 年汶川大地震发生后，龙门山区还不断传来地震的消息。

这是怎么一回事？这就是余震。

这是在同一个断裂带，主震以后接连发生的一系列小地震。说它小，因为强度一般都比不上主震。可是延续的时间却往往很长。有的几个月，有的好几年，不会一下子平息。

为什么会发生余震？有人认为是断层附近的地壳重整，也有人认为是"动态"地震波的冲击。

在地震活动中，前震、主震、余震是一个统一的序列。前震像是前奏曲，余震好像是回声。按照三者的关系，可以分为以下几种类型：

完整型：前震、主震、余震整个序列都很清楚。

主震型：主震的震级特别大，释放的能量占整个地震序列的绝大部分，前震和余震都不太显著。

孤立型：几乎没有前震和余震。

群震型：没有突出的主震，主要能量是通过好几次震级大小大致相近的地震释放出来的。

尽管余震越来越小，可是也不能掉以轻心。

汶川大地震后重建的汶川县第二小学（张申生/FOTOE）

后　记

　　随着时代进步，学问越来越多，学科越分越细。一个个分支纷纷出现，一个个"高精尖"竞相杂陈。一时五花八门目不暇接，看得人头晕脑胀，好像坠入了诸葛亮的八卦阵，不得其门而出了。

　　做学问的人应该知道，能入还能出，才能真正掌握学问的真谛。你看一些专家过于精专，一脑袋钻进了牛角尖，只知道追求自我的专业，不知学科之间的相互联系，就不能全面审视，失于偏颇了。

2013 年，作者在瓦屋山迷魂凼进行科学考察

这样只能为将，不是真正的帅才。

做人的学问也应该明白，入世还得出世，方能真正认识人生，解脱自己，成为一个达人。

万事从简到繁，还得归于简。不能只见树木，不见森林。所以专家不如博士，博士不如大师，大师不如禅者。这个做学问和做人的道理，应该明白才好。

天下这么多的学科和学问，应该怎么归纳统一？从前一本薄薄的启蒙书《三字经》，其实早就说清楚了。你看，其中有一句，"三才者，天地人"，归纳得清清楚楚。仔细想一想，如今这么多的学问，岂不统统可以归纳进这三大类吗？

我从小就喜欢"地学"，后来走上了这条道路，成为一个小卒，是有具体原因的，那是时代背景所决定的。

我出生在九一八事变那一年，成长在抗日战争的烽火中。民族苦难的岁月，铸成了我的血火童年。那一代孩子没有今天孩子的幸福欢乐，大多会关心时事，时时刻刻想一些和年龄不符的严肃问题。那时候我的房间墙壁上，没有唐老鸭、米老鼠之类的卡通画，而是挂着一张张非常详细的中外地图，桌上堆着厚厚的中文、英文地图册。时时关注着国内和世界反法西斯战场，用大头针做的小旗，标示敌我的进进退退。加上集邮的爱好，许多外国邮票需要辨认。时间一长，许许多多地理知识就自然建立起来了。外文地名一个字母不错，能够记住上千个，今天还保留这样的"童子功"。1944年我进入南开中学的时候，参加地理填图比赛，一下子就压倒了许多高年级同学，获得第一名和南开最高级别的公能奖章。这是我的三枚公能奖章之一。其他两枚来自于文艺习作比赛和另一个竞赛，很不容易的。因此在 1950 年，从一种责任感加上兴趣爱好，我选择北京大学地质系的原因就完全可以理解了。

从"地学"延展，我又逐渐喜欢上了"天学"。1947 年我发起成立南开中学星空协会，一下子入了迷，又像对"地学"的痴迷一样不能自拔了。后来进入北京大学，在一代宗师、著名天文学家戴文赛先生指导下学习天文学，加以气象学、气候学，以及其他相关学科的学习，逐渐明白了天地之学其实是统一的，建立了更加清晰的认识。说起来这也是我在 1952 年院系调整时，心甘情愿从大一重新开始，转入自然地理专业，从分支的地质学，转入包括地质、地貌、气候、水文、土壤、植被等要素，以及历史地理等，视野更加开阔的自然地理学，也就是"大地学"，一个重要的认识上的原因。

这本书的内容，其实就是地理专业的入门课程——地球概论。1985 年，四川有两个学校新建地理系，邀请我担任系主任。我不愿离开地质系，留在当时的成都理工学院（原成都地质学院），开办一个小小的地理专业。当时人少任务多，提出一个人必须上两门课，一门课必须两个人准备。我从来不指派谁担任什么课程，让大家选择完了，剩下的我一个人包完。所以常常几门课一起开讲，其中就包括这门谁都不愿意啃的硬骨头——地球概论。从 1985 年到 1993 年，讲了许多次。

这本书中的另外两个内容——火山和地震，是我从前在野外工作中接触过的一些内容，有过一些不成熟的实际经历，就不多说了吧。

刘兴诗

2017 年，86 岁于成都理工大学